丁香花开

——西北师范大学校园植物图谱

刘　娜　侯勤正　孙　坤
陈学林　赵　祥　余嘉利

编著

高等教育出版社·北京

内容简介

本书是一本集科学性、知识性、观赏性为一体的校园植物图鉴。立足西北师范大学校园，依据作者多年调研和教学经验积累的大量素材编写而成。书中收录了校园内260余种常见植物，每种配以高清照片，从基本性状、花果特征方面显示物种的直观识别特征，并配以简短文字说明，同时介绍了植物的花果期及其在校园内的分布位置，以便于快速识别物种。本书既可以作为植物学、植物分类学实习教材，也可供植物学爱好者参考。

图书在版编目（CIP）数据

丁香花开 ： 西北师范大学校园植物图谱 / 刘娜等编著． -- 北京 ： 高等教育出版社，2021.3
ISBN 978-7-04-055467-0

Ⅰ．①丁… Ⅱ．①刘… Ⅲ．①西北师范大学－植物－图谱 Ⅳ．① Q948.524.21-64

中国版本图书馆CIP数据核字（2021）第025748号

Dingxiang Huakai: Xibei Shifan Daxue Xiaoyuan Zhiwu Tupu

策划编辑 田 红 责任编辑 田 红 特约编辑 郝真真 封面设计 张 楠
责任印制 朱 琦

出版发行	高等教育出版社	网　址	http://www.hep.edu.cn
社　址	北京市西城区德外大街4号		http://www.hep.com.cn
邮政编码	100120	网上订购	http://www.hepmall.com.cn
印　刷	三河市骏杰印刷有限公司		http://www.hepmall.com
开　本	850mm×1168mm 1/32		http://www.hepmall.cn
印　张	6		
字　数	200千字	版　次	2021年3月第1版
购书热线	010-58581118	印　次	2021年3月第1次印刷
咨询电话	400-810-0598	定　价	32.00元

物 料 号 55467-00

前言

“我的校园在黄河岸边，这里鲜花朵朵、绿树成荫”，坐落于甘肃省兰州市安宁区黄河之滨的西北师范大学是甘肃省人民政府和教育部共同建设的重点大学，为国家重点支持的西部地区14所大学之一。其前身之一为国立北平师范大学，发端于1902年建立的京师大学堂师范馆，1912年改为“国立北京高等师范学校”，1923年改为“国立北平师范大学”。1937年“七七”事变后，国立北平师范大学与同时西迁的国立北平大学、北洋工学院共同组成西北联合大学，国立北平师范大学整体改组为西北联合大学下设的教育学院，后改为师范学院。1939年西北联合大学师范学院独立设置，改称国立西北师范学院，1941年迁往兰州。抗日战争胜利后，国立西北师范学院继续在兰州办学。同时，恢复北平师范大学（现北京师范大学）。1958年前学校为教育部直属的全国6所重点高等师范院校之一，1958年划归甘肃省领导，改称甘肃师范大学。1988年更名为西北师范大学。学校现有校本部、新校区和知行学院等几个校区以及北山生态实训基地。学校环境优美，树木苍翠葱郁，拥有良好的育人环境。

西北师范大学生命科学学院的前身为1904年创建的京师大学堂博物科。1939年，独立设置后的国立西北师范学院设博物系（1951年改为生物系）。1958年，教育部批准成立植物分类研究室，1980年改建为植物研究所。1998年，植物研究所与生物系合并，实行系所合一的管理体制。2000年，成立生命科学学院。

我国已故植物分类学家、教育家、中国植物分类学奠基人之一孔宪武先生在生物系、植物研究所的创建和发展中做出了卓越的贡献，长期致力于中国植物分类、区系和植物资源的调查研究，在藜科等植物类群和西北野生植物资源研究方面享有崇高的声誉。孔宪武自1942年起历任西北师范学院教授、生物系主任、植物研究所所长、甘肃师范大学副校长等职，兼任《中国植物志》编委会委员、甘肃省植物学会理事和名誉理事长等职。执教50余年，培育了一大批植物学教学和科研人才，并创建了馆藏量20余万份的西北师范大学植物标本馆，成为研究西部地区植物的重要基地。孔宪武教授主持开展了“关于野生植物资源的调查和利用”等研究工作，先后编写了《兰州植物通志》《甘肃野生油料植物》《甘肃野生淀粉植物》《中国植物志·藜科》《甘肃林木志》等，为甘肃野生植物研究和资源利用奠定了坚实的基础。因其在植物分类学研究方面的杰出成就，忍冬科的一个新种被命名为“孔氏忍冬”。孔宪武教授参与编著的《中国植物志》《中国高等植物图鉴》《西藏植物志》等在国内具有很大影响力，是具有很高学术价值的分类学专著。孔先生的高尚思想品德、渊博的学识及谦虚谨慎、刻苦严谨的治学态度为后辈学者的楷模。

我校植物研究所韦璧瑜教授等利用野生植物高乌头开发完成的国家新药“氢溴酸高乌甲素”获国家科技进步奖，转化后取得了显著的经济和社会效益。王庆瑞教授、金芝兰教授和庆阳地区黄花菜研究所所长陈沛霖协作完成的“黄花菜花芽分化及其快速繁殖技术的研究”课题，创造性地将黄花菜的繁殖系数提高了25倍以上，该成果荣获国家商业部1988年科技进步二等奖。著名植物分类学家朱格麟先生、王庆瑞先生和廉永善先生等一批学者曾先后承担过《中国高等植物图鉴》《中国植物志》《西藏植物志》《中国树木志》《甘肃植被》《中国高等植物》和《Flora of China》等大型著作的编著，在藜科、紫草科、堇菜科和沙棘属等类群的研究中取得了突出的成就。例如，朱格麟先生在我国和北美洲发现了3个藜科植物新属和一些新种，其中大多是濒临灭绝的珍稀物种，完成了世界藜科植物分类的修订工作，出版了《Genera and a New Evolutionary System of World Chenopodiaceae》(2017)。廉永善教授在沙棘属植物分类、进化和资源研究过程中发现了一批新的类群，建立了沙棘属植物的分类系统，并系统研究了沙棘的种下变异，为沙棘的资源开发利用和育种奠定了基础，主编出版了《沙棘属植物生物学和化学》等专著。

近些年来，生命科学学院植物学科传承学科优势，在马瑞君教授、孙坤教授、陈学林教授和王一峰教授等的带领下，主持国家自然科学基金项目多项，主持编写了《甘肃植物志》，参加编写了《中国高等植物》《Flora of China》等著作，承担了全国中草药资源普查和甘肃省生物多样性等方面的研究，取得了一批重要的学术成果。现今的生命科学学院植物学科的发展既离不开历代先贤祖辈们在中国植物分类、区系和植物资源的调查研究方面的毕生贡献，也需要当代的植物学者们为科学事业百折不挠，勇于献身的精神传承。值得一提的是，他们在研究过程中发现和引进的一些园林绿化材料丰富了校园植物的种类。

为响应国家号召，进一步增强全社会生物多样性保护意识，西北师范大学生命科学学院数位青年教师带领研究生和本科生，历时近三年时间，在校本部、新校区、北山生态实训基地、知行学院开展调查，拍摄了数千张植物照片。最终我们收录260余种代表性植物，精选每种植物能够反映其分类特征的照片，并用简明的文字描述其识别特征、花果期和其在校园内的分布，编撰完成了《丁香花开——西北师范大学校园植物图谱》一书。从书中我们可以了解到校园里随处可见的植物叫什么名字；学校的哪些地方、什么季节可以观赏到什么花卉。

APG系统是由被子植物系统发育研究组（Angiosperm Phylogeny Group，APG）1998年首次提出的被子植物分类法。该系统把被子植物简单地做为一个无等级的演化支，以单系群概念界定分类群，利用分子生物学数据对被子植物进行分类。APG Ⅳ系统是最新、也是专业领域较为公认的分类系统，但在国内学校的教材、植物标本馆、数据库、教育教学、科普活动中尚未被普遍介绍和广泛采用。校园植物是大众接触植物分类的主要场所，本文记录的校园植物被子植物部分按APG Ⅳ系统进行排列，可以使APG系统得到更好的宣传和推广。本文记录的校园植物裸子植物部分仍然采用郑万钧裸子植物分类系统进行排列。

西北师范大学每个校区都是郁郁葱葱，草木葱茏，是诸多为我校近现代学术做出奠基性贡献的前辈学者的学术圣地，如李蒸、黎锦熙、袁敦礼、董守义、李建勋、胡国钰、吕斯百、孔宪武、常书鸿、陈涌、黄胄、彭铎、郭晋稀、李秉德、金宝祥、金少英、南国农等著名教授先后在学校任教；也是无数聪颖好学的师大学子问道求学、文化传承之所，校园内的一草一木也伴着知识的传播而萌芽，随着各门类学科的发展和进步，这里的草木似乎也寄托了几代学者的文化底蕴和情愫。

丁香作为木犀科植物，在校园的多处绽放，每逢新学期开学迎新之际，学校定期会举办“丁香花开”大型古诗词朗诵大赛，将丁香融入了我们的大学校园文化，使丁香成为西北师范大学最具代表性和象征性的植物。西北师范大学的核桃树是刚建校时栽的，据说20世纪50年代苏联人在师大建造旧文科楼时，核桃树尚小，但是为了保护核桃树，学校把原定的楼址向南移动了10 m，使得文科楼前的马路与学校东门处的主干道形成“S”形。如今粗大的核桃树需要三四个成年人环抱，年岁已高的文科楼被拆掉了楼顶，变成了毕业生拍照留念的最佳选择，文科楼遗址上也栽种了各种花草，新开的红花与旧筑的青墙互相映衬，诉说着历史的变迁。

无论是对植物分类学家、植物爱好者，还是校园师生来说，开始想要对植物进行识别，都要从身边的植物认起，而我们的校园就是一个植物园。《丁香花开——西北师范大学校园植物图谱》将带领师生们认识身边的植物。希望本书的出版能够传达学子对母校的热爱之情，并向读者传递严谨认真的科学态度，激发读者对植物的兴趣，使读者感悟到科学与文化融合之美。

编著者

2020年10月

目录

前言 / i

裸子植物 Gymnospermae

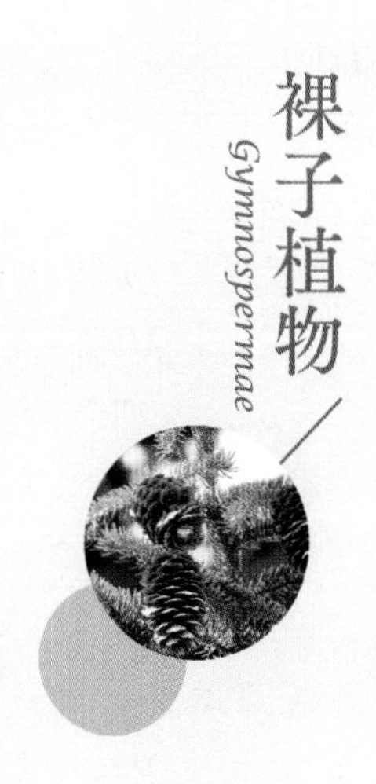

被子植物

Angiospermae

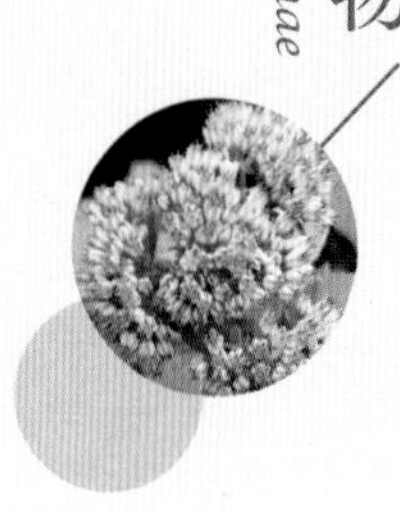

裸子植物

GYMNOSPERMAE

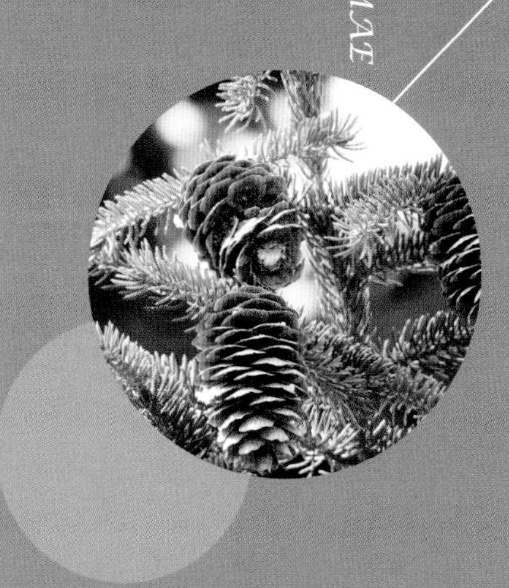

银杏 白果、鸭掌树、公孙树

Ginkgo biloba L. 银杏科 / 银杏属

落叶乔木，胸径可达4 m，高可达40 m。幼树树皮浅纵裂，老树树冠卵形，树皮灰褐色，粗糙；叶有细长的叶柄，扇形，淡绿色，无毛，有多数叉状并列细脉，顶端常2裂；球花雌雄异株，单性，生于短枝顶端的鳞片状叶的腋内，呈簇生状；雄球花葇荑序状，下垂，雄蕊排列疏松，具短梗，花药常2枚，雌球花无花被。种子具长梗，下垂，椭圆形，雌雄异株。

※ 花期3—4月，果熟期9—10月。

◎ 体育馆西侧、教学6号楼北侧、新校区图书馆南侧、新校区研究生公寓前

雪松 塔松、香柏、喜马拉雅雪松

Cedrus deodara (Roxburgh) G. Don 松科 / 雪松属

乔木，高达30 m，胸径可达3 m。树皮深灰色，裂成不规则的鳞状片；枝平展、微斜展或微下垂，基部宿存芽鳞向外反曲，小枝常下垂。叶在长枝上辐射伸展，短枝之叶成簇生状，叶针形，坚硬，淡绿色或深绿色，常呈三棱形，稀背脊明显；雄球花长卵圆形，雌球花卵圆形。球果成熟前淡绿色，微有白粉，熟时红褐色，卵圆形，顶端圆钝，有短梗；种子近三角状，种翅宽大。

※ 花期10—11月，球果次年10月成熟。

◎ 教学10号楼前、物电大楼南侧、体育馆周边、教学1号楼两侧、美术学院北侧、行政1号楼前

青海云杉

Picea crassifolia Kom. —— 松科 / 云杉属

乔木，高达23 m，胸径30 ~ 60 cm。一年生嫩枝淡绿黄色，有或多或少的短毛；冬芽圆锥形，通常无树脂，基部芽鳞有隆起的纵脊，小枝基部宿存芽鳞的先端常开展或反曲；叶较粗，四棱状条形，近辐射伸展。球果圆柱形，成熟前种鳞背部露出部分绿色；苞鳞短小，三角状匙形；种子斜倒卵圆形，种翅倒卵状，淡褐色。

※花期4—5月，球果9—10月成熟。

◎中心广场、教学1号楼后、教学2号楼西侧

青扦 红毛杉、紫木树、华北云杉

Picea wilsonii Mast. 松科 / 云杉属

乔木，高达50 m，胸径达1.3 m。树皮灰色，裂成不规则鳞状块片脱落；枝条近平展，树冠塔形；冬芽卵圆形，无树脂，芽鳞排列紧密，淡黄褐色，先端钝，背部无纵脊，光滑无毛，小枝基部宿存芽鳞的先端紧贴小枝；叶排列较密，四棱状条形，直或微弯，微具白粉；子叶6～9枚，条状钻形，棱上有极细的齿毛。球果卵状圆柱形，成熟前绿色，熟时黄褐色；苞鳞匙状矩圆形，先端钝圆。

※花期4月，球果10月成熟。

◎中心广场东西两侧

华山松 五叶松、青松、果松

Pinus armandii Franch. 松科 / 松属

乔木，高达35 m，胸径1 m。幼树树皮灰绿色或淡灰色，老树树皮则呈灰色，裂成方形或长方形厚块片固着于树干上；冬芽近圆柱形，褐色，微具树脂，芽鳞排列疏松。针叶5针一束，边缘具细锯齿，仅腹面两侧各具4～8条白色气孔线；叶鞘早落。雄球花黄色，卵状圆柱形，基部围有近10枚卵状匙形的鳞片。球果圆锥状长卵圆形，成熟时黄色或褐黄色，种子黄褐色。

※ 花期4—5月，球果次年9—10月成熟。

知行学院北侧

白皮松 白骨松、三针松、白果松

Pinus bungeana Zucc. et Endi —— 松科 / 松属

常绿乔木，高达30 m，胸径可达3 m。有明显的主干，枝较细长，枝斜展，形成宽塔形至伞形树冠；幼树树皮灰绿色，老树树皮灰褐色，裂片脱落后露出粉色内皮；针叶为3针一束，粗硬，叶背及腹面两侧均有气孔线，先端尖，边缘有细锯齿雄球花卵圆形，多数聚生于新枝基部成穗状。球果单生；种子灰褐色，有短翅。

※ 花期4—5月，球果次年10—11月成熟。

◎ 博物馆前、教学4号楼前、教学9号楼北侧、行政2号楼后、学思园

油松 短叶松、红皮松、东北黑松

Pinus tabuliformis Carriere —— 松科 / 松属

常绿乔木，高达30 m，胸径可达1 m以上。树皮下部灰褐色，裂成不规则鳞状，枝平展或向下斜展，老树树冠平顶，小枝较粗，褐黄色；针叶2针一束，深绿色，粗硬，边缘有细锯齿，雄球花圆柱形，在新枝下部聚生成穗状。球果卵形，有短梗，向下弯垂，成熟前绿色，熟时淡黄色；种子卵圆形或长卵圆形，淡褐色有斑纹。

※花期4—5月，球果次年10月成熟。

◎ 西操场北侧、东操场北侧、教学9号楼前、体育馆北侧

水杉 梳子杉

Metasequoia glyptostroboides Hu et W. C. Cheng ——— 杉科 / 水杉属

落叶乔木，高可达35 m，胸径2.5 m。树干基部常膨大，树皮灰色，幼树裂成薄片脱落，大树裂成长条状脱落，内皮淡紫褐色。小枝对生，斜展，叶线型，交互对生，假二列成羽状复叶状，雌雄同株。球果下垂，近球形，微具4棱，成熟前绿色，熟时深褐色；种子扁平，倒卵形，周围有翅。

※花期2月下旬，球果11月成熟。

◎教师发展中心北侧（体育馆北侧）

侧柏 黄柏、香柏、扁桧

Platycladus orientalis (L.) Franco 柏科 / 侧柏属

常绿乔木，高可达20 m，胸径1 m。树冠广卵形，树皮薄，浅灰褐色，纵裂成条片，枝条向上伸展；叶鳞片状，先端微钝，雄球花黄色，卵圆形；雌球花近球形，蓝绿色，被白粉。球果近卵圆形，成熟前近肉质，蓝绿色，被白粉，成熟后木质，开裂，红褐色；种子卵圆形或近椭圆形，顶端微尖，灰褐色或紫褐色。

※ 花期3—4月，球果10月成熟。

◎ 教学1号楼后、博物馆南侧、行政2号楼后、学校正门东侧

圆柏 珍珠柏、红心柏、刺柏

Juniperus chinensis Linnaeus —— 柏科 / 刺柏属

乔木，高达20 m。树皮灰褐色，纵裂，裂成不规则的薄片脱落；小枝通常直或稍成弧状弯曲，生鳞叶的小枝近圆柱形或近四棱形。叶二型，即刺叶及鳞叶；刺叶生于幼树之上，老龄树则全为鳞叶，壮龄树兼有刺叶与鳞叶；雄球花黄色，椭圆形，雄蕊5 ~ 7对，常有3 ~ 4枚花药。球果近圆球形，两年成熟，熟时暗褐色，被白粉或白粉脱落，有1 ~ 4粒种子；种子卵圆形，顶端钝，有棱脊及少数树脂槽。

※ 花期4—5月，球果10—11月成熟。

◎ 知行学院正门东侧

龙柏 铺地龙柏

Juniperus chinensis 'Kaizuca' —— 柏科 / 刺柏属

常绿乔木，高达20 m。树皮深灰色，纵裂成条片开裂，树冠圆柱状或柱状塔形；老枝形成广圆形的树冠，常有扭转上升之势；叶二型，即刺叶及鳞叶，排列紧密，雌雄异株，雄球花黄色，椭圆形。球果圆球形，两年成熟，熟时暗褐色，微被白粉；种子卵圆形。

※ 花期3—4月，球果10月成熟。

◎ 教学1号楼南侧、体育馆四周、西操场北侧

刺柏 山刺柏、矮柏木、台桧

Juniperus formosana Hayata —— 柏科 / 刺柏属

乔木，高达12 m。树皮褐色，纵裂成长条薄片脱落，枝条斜展，树冠塔形，小枝下垂，三棱形；叶三叶轮生，条状披针形或条状刺形，雄球花圆球形，药隔先端渐尖，背有纵脊。球果近球形，两年成熟，熟时淡红褐色，被白粉；种子半月圆形，具3~4棱脊，顶端尖，近基部有3~4个树脂槽。

※花期3月，果期次年11月。

◎中心广场北侧、西操场北侧、博物馆南侧、西操场南侧、学校正门西侧

红豆杉 观音杉、红豆树、扁柏

Taxus wallichiana var. *chinensis* (Pilger) Florin —— 红豆杉科 / 红豆杉属

乔木，高达30 m，胸径达60~100 cm。树皮灰褐色、红褐色或暗褐色，裂成条片脱落；冬芽黄褐色、淡褐色或红褐色，有光泽，芽鳞三角状卵形，背部无脊或有纵脊，脱落或少数宿存于小枝的基部。叶排列成两列，条形，微弯或较直，雄球花淡黄色，雄蕊8~14枚，花药4~8（多为5~6）。种子生于杯状红色肉质的假种皮中，间或生于近膜质盘状的种托之上，常呈卵圆形。

※花期3月，果期次年11月。

◎博物馆前

被子植物

ANGIOSPERMAE

睡莲 子午莲、粉色睡莲、野生睡莲

Nymphaea tetragona Georgi 睡莲科 / 睡莲属

多年生水生草本；根状茎短粗。叶纸质，心状卵形或卵状椭圆形，基部具深弯缺，约占叶片全长的1/3，裂片急尖，稍开展或近重合，全缘，上面光亮，下面带红色或紫色，两面皆无毛，具小点；花瓣白色，宽披针形、长圆形或倒卵形，内轮不变成雄蕊。浆果球形，为宿存萼片包裹；种子椭圆形，黑色。

※花期6—8月，果期8—10月。

◎学校正门如意湖

玉兰 应春花、白玉兰、望春花

Yulania denudata (Desr.) D. L. Fu —— 木兰科 / 玉兰属

落叶乔木，高达25 m，胸径1 m。枝扩展形成宽阔的树冠；树皮深灰色，粗糙干裂；冬芽及花梗密被淡灰黄色长绢毛；叶纸质，倒卵形；花被片9枚，白色，基部常带粉红色，花蕾卵圆形，花先叶开放，直立，芳香。聚合果圆柱形，蓇葖厚木质，褐色，具白色皮孔；种子心形，侧扁。

※花期2—3月（亦常于7—9月再开一次花），果期8—9月。

◎教学9号楼北侧草坪、新校区特教楼前草坪、家属4号楼西侧、音乐厅北侧

紫玉兰 辛夷、木笔

Yulania liliiflora (Desr.) D. L. Fu —— 木兰科 / 玉兰属

落叶灌木，高达3 m，常丛生。树皮灰褐色，叶椭倒卵形，侧脉每边8 ~ 10条；花蕾卵圆形，被淡黄色绢毛，花叶同时开放，瓶形，直立于粗壮、被毛的花梗上，花被片紫绿色，雄蕊紫红色，蕊群长约1.5 cm，淡紫色，无毛。聚合果深紫褐色，变褐色，圆柱形；成熟蓇葖近圆球形，顶端具短喙。

※ 花期3—4月，果期8—9月。

◎ 教学9号楼北侧草坪、新校区特教楼前草坪、家属4号楼西侧、音乐厅北侧

二乔玉兰 苏郎木兰、珠砂玉兰、紫砂玉兰

Yulania × soulangeana (Soulange-Bodin) D. L. Fu —— 木兰科 / 玉兰属

落叶小乔木，高达6 ~ 10 m。小枝无毛；叶片互生，叶纸质，倒卵形；花蕾卵圆形，花先叶开放，浅红色至深红色，花被片6 ~ 9枚，外轮3枚花被片常较短，约为内轮长的2/3。聚合果长约8 cm；蓇葖卵圆形或倒卵圆形，具白色皮孔；种子深褐色，宽倒卵形或倒卵圆形，侧扁。

※花期2—3月，果期9—10月。 音乐厅北侧

蕺菜 狗贴耳、鱼腥草、侧耳根

Houttuynia cordata Thunb. —— 三白草科 / 蕺菜属

腥臭草本，高30 ~ 60 cm。茎下部伏地，节上轮生小根，上部直立；叶薄纸质，有腺点，卵形或阔卵形；叶脉5 ~ 7条，全部基出或最内一对离基约5 mm从中脉发出，如为7脉时，最外一对很纤细或不明显；花序长约2 cm，总苞片长圆形或倒卵形，顶端钝圆，雄蕊长于子房。蒴果长2 ~ 3 mm，顶端有宿存的花柱。

※花期4—7月，果期6—10月。

◎新校区特教楼前

德国鸢尾

Iris germanica L. —— 鸢尾科 / 鸢尾属

多年生草本。根状茎粗壮而肥厚，扁圆形，具环纹，黄褐色；须根肉质，黄白色。叶直立或略弯曲，淡绿色，常具白粉，剑形；花被管喇叭形，外花被裂片椭圆形或倒卵形，爪部狭楔形，中脉上密生黄色的须毛状附属物，内花被裂片倒卵形或圆形。蒴果三棱状圆柱形，成熟时自顶端向下开裂为三瓣；种子梨形。

※花期4—5月，果期6—8月。

◎教学1号楼南侧花台

马蔺 马兰花、马莲、蠡实

Iris lactea Pall. —— 鸢尾科 / 鸢尾属

多年生密丛草本。根状茎粗壮，木质，外包有大量致密的红紫色折断的老叶残留叶鞘及毛发状的纤维；叶基生，坚韧，灰绿色，条形或狭剑形；花茎光滑，花浅蓝色或蓝色，花药黄色，花丝白色。蒴果长椭圆状柱形；种子为不规则的多面体，棕褐色。

※花期5—6月，果期6—9月。

◎家属44号楼西侧

鸢尾 老鸹蒜、蛤蟆七、扁竹花

Iris tectorum Maxim. —— 鸢尾科 / 鸢尾属

多年生草本。根状茎粗壮，二歧分枝；须根较细而短。叶基生，黄绿色，宽剑形，无明显中脉；花蓝紫色，花梗甚短；花被管细长，外花被裂片圆形或圆卵形，有紫褐色花斑，中脉有白色鸡冠状附属物，内花被裂片椭圆形。蒴果长椭圆形或倒卵圆形；种子黑褐色，梨形，无附属物。

※花期4—5月，果期6—8月。

◎教学1号楼后门两侧、东操场南侧、教学10号楼C区东侧、教学10号楼E区东侧、专家楼南侧

葱 北葱

Allium fistulosum L. 石蒜科 / 葱属

鳞茎单生或聚生，圆柱状，稀为基部膨大的卵状圆柱形；鳞茎外皮白色，稀淡红褐色，膜质至薄革质，不破裂；叶圆柱状，中空，与花葶近等长，花葶圆柱状，伞形花序球状；花多而较疏，花白色，花被片卵形，子房倒卵圆形，腹缝基部具不明显蜜穴，花柱伸出花被。

※花果期4—7月。 ◎家属29号楼南侧

韭 韭菜、久菜

Allium tuberosum Rottler ex Sprengle 石蒜科 / 葱属

具倾斜的横生根状茎。鳞茎簇生，近圆柱状；鳞茎外皮暗黄色至黄褐色，破裂成纤维状，呈网状或近网状。叶条形，扁平，实心，比花葶短。花葶圆柱状，常具2纵棱，下部被叶鞘；伞形花序半球状或近球状，具多而较稀疏的花；花白色；子房倒圆锥状球形，具3圆棱，外壁具细的疣状突起。

※花果期7—9月。

◎家属9号楼后

虎尾兰 金边虎尾兰

Sansevieria trifasciata Prain —— 龙舌兰科 / 虎尾兰属

有横走根状茎。叶基生，常1 ~ 2枚，也有3 ~ 6枚成簇的，直立，硬革质，扁平，长条状披针形，有白绿色相间的横带斑纹；花葶高30 ~ 80 cm，基部有淡褐色的膜质鞘；花淡绿色或白色，每3 ~ 8朵簇生，排成总状花序。浆果直径7 ~ 8 mm。

※花期11—12月。

◎办公区室内

萱草 黄花菜、折叶萱草

Hemerocallis fulva (L.) L. —— 阿福花科 / 萱草属

多年生草本。根近肉质，中下部常纺锤状；叶条形；花葶粗壮，早上开花晚上凋谢，圆锥花序具6 ~ 12朵花或更多，花橘红，无香味，外轮花被裂片长圆状披针形，内轮裂片长圆形，下部有A形彩斑，具分枝脉，盛开时裂片反曲。蒴果长圆形。

※花果期5—7月。

◎家属15号楼后、教学10号楼A区后、家属4号楼西侧、行政1号楼南侧

金娃娃萱草

Hemerocallis 'Golden Doll' —— 阿福花科 / 萱草属

地下具根状茎和肉质肥大的纺锤状块根。叶基生，条形，排成两列，长约25 cm，宽1 cm。株高30 cm，花葶粗壮，高约35 cm。螺旋状聚伞花序，花7 ~ 10朵。花冠漏斗形，花径7 ~ 8 cm，金黄色。

※ 花果期5—11月，单花开放5 ~ 7天。

◎ 教学10号楼E区前、新校区毅然报告厅前、逸夫图书馆东侧走廊两侧花台

玉簪

Hosta plantaginea (Lam.) Aschers. —— 天门冬科 / 玉簪属

根状茎粗厚，粗1.5 ~ 3 cm。叶卵状心形、卵形或卵圆形，花葶高40 ~ 80 cm，具数朵至10余朵花，花的外苞片卵形或披针形；花单生或2 ~ 3簇生，白色，芳香；雄蕊与花被近等长或略短，基部15 ~ 20 mm贴生于花被管上。蒴果圆柱状，有三棱。

※ 花果期8—10月。

◎ 教学9号楼北侧草坪、新校区特教楼前、家属4号楼西侧

紫萼 紫萼玉簪

Hosta ventricosa (Salisb.) Stearn —— 天门冬科 / 玉簪属

根状茎粗0.3～1 cm。叶卵状心形、卵形至卵圆形，具7～11对侧脉；叶柄长6～30 cm。花葶高60～100 cm，具10～30朵花；花单生，盛开时从花被管向上骤然呈近漏斗状扩大，紫红色；花雄蕊伸出花被外，完全离生。蒴果圆柱状，有三棱。

※ 花期6—7月，果期7—9月。

◎ 学校西门南侧花园

凤尾丝兰 剑麻、凤尾兰

Yucca gloriosa L. —— 天门冬科 / 丝兰属

常绿灌木，有明显的茎，有时可高达5 m。叶剑形、坚硬；花葶高1～2 m，大型圆锥花序，有花多数，花白色至乳黄色，顶端常带紫红色，下垂，钟形；花被6枚，卵状菱形，具突尖。果卵状长圆形，不开裂。

※ 花期9—10月。

◎ 教学10号楼A区、B区

大麦状雀麦 毛雀麦

Bromus hordeaceus L. —— 禾本科 / 雀麦属

一年生草本。秆高30 ~ 80 cm，直立，紧接花序以下的部分生微毛，叶鞘闭合，被柔毛，叶片线形扁平；圆锥花序具多数小穗，密聚，直立，分枝及小穗柄短，小穗长圆形，上部花多不发育，颖边缘膜质，先端钝，被短柔毛，外稃椭圆形，内稃狭窄。颖果与其内稃等长并贴生。

※花果期5—7月。 ◎北山生态实训基地

菵草 罔草

Beckmannia syzigachne (Steud.) Fern. —— 禾本科 / 菵草属

一年生草本。秆直立，高15 ~ 90 cm，具2 ~ 4节；叶鞘无毛，多长于节间；叶舌透明膜质，叶片扁平；圆锥花序，小穗扁平，圆形，灰绿色，常含一小花，颖草质，边缘薄，白色，具淡色的横纹，外稃披针形，具5脉，花药黄色。颖果黄褐色，长圆形。

※花果期4—10月。 ◎新校区生科楼下草坪

虎尾草

Chloris virgata Sw. —— 禾本科 / 虎尾草属

一年生草本。秆直立或基部膝曲，高12 ~ 75 cm。叶鞘背部具脊；叶片线形，两面无毛或边缘及上面粗糙。穗状花序5 ~ 10枚，成熟时常带紫色；第一颖长约1.8 mm，第二颖等长或略短于小穗，中脉延伸成长0.5 ~ 1 mm的小尖头。颖果纺锤形，淡黄色，光滑无毛而半透明，胚长为颖果的2/3。

※ 花果期6—10月。

◎ 东操场草坪

稗 旱稗

Echinochloa crus-galli (L.) P. Beauv. —— 禾本科 / 稗属

一年生草本。秆高50 ~ 150 cm，光滑无毛，基部倾斜或膝曲。叶鞘疏松裹秆，平滑无毛，下部长于节间，而上部短于节间；叶舌缺；叶片扁平，线形。圆锥花序直立，近尖塔形；第一小花通常中性，其外稃草质，上部具7脉，脉上具疣基刺毛，顶端延伸成一粗壮的芒；第二外稃椭圆形，成熟后变硬，顶端具小尖头。

※ 花果期夏秋季。

◎ 教学10号楼A区后

牛筋草 蟋蟀草

Eleusine indica (L.) Gaertn. —— 禾本科 / 䅟属

一年生草本。根系极发达。秆丛生，基部倾斜，高10 ~ 90 cm。叶鞘两侧压扁而具脊，松弛，无毛或疏生疣毛；叶片平展，线形。穗状花序2 ~ 7枚指状着生于秆顶；小穗长4 ~ 7 mm，宽2 ~ 3 mm，含3 ~ 6朵小花；颖披针形，具脊，脊粗糙。囊果卵形，长约1.5 mm，基部下凹，具明显的波状皱纹。

※ 花果期6—10月。

◎ 西操场草坪

臭草 毛臭草

Melica scabrosa Trin. —— 禾本科 / 臭草属

多年生草本。须根细密，秆丛生，直立或基部膝曲，基部密生分蘖；叶鞘闭合近鞘口，常撕裂，光滑或微粗糙，叶舌透明膜质，叶片质薄，扁平，干时常卷折；圆锥花序，小穗淡绿色或乳白色，颖膜质，雄蕊。颖果褐色，纺锤形，有光泽。

※ 花果期5—8月。

◎ 教学10号楼B区北侧草坪、新校区研究生公寓南侧草坪

紫羊茅

Festuca rubra L. —— 禾本科 / 羊茅属

多年生草本。具短根茎或具根头，秆直立，具2节，叶鞘粗糙，叶舌平截，叶片对折稀扁平；花期开展，分枝粗糙，小穗淡绿色或深紫色，颖片背部平滑，第一颖窄披针形，第二颖宽披针形，外稃背部平滑或粗糙或被毛，内稃近与外稃等长。

※花果期6—9月。

◎教学10号楼B区北侧草坪、新校区研究生公寓南侧草坪、北山生态实训基地

黑麦草

Lolium perenne L. —— 禾本科 / 黑麦草属

多年生草本，具细弱根状茎。秆丛生，具3～4节，质软，基部节上生根。叶片线形，具微毛，有时具叶耳；穗形穗状花序，小穗轴平滑无毛；颖披针形，为其小穗长的1/3，边缘狭膜质；外稃长圆形，草质，内稃与外稃等长，两脊生短纤毛。颖果长约为宽的3倍。

※花果期5—7月。

◎新校区图书馆东侧草坪

狗尾草

Setaria viridis (L.) Beauv. —— 禾本科 / 狗尾草属

一年生草本，根为须状，高大植株具支持根。秆直立或基部膝曲，鞘松弛，叶舌极短叶片扁平，长三角状狭披针形或线状披针形；圆锥花序紧密呈圆柱状或基部稍疏离，小穗2～5枚簇生于主轴上或更多的小穗着生在短小枝上，先端钝，第二颖近与小穗等长，椭圆形。颖果灰白色。

※ 花果期5—10月。

◎ 东西操场、网球场北侧、新校区研究生公寓南侧草坪、校园内各处草坪可见

棒头草

Polypogon fugax Nees ex Steud. —— 禾本科 / 棒头草属

一年生草本。秆丛生，叶鞘光滑无毛，叶舌膜质，长圆形，常2裂或顶端具不整齐的裂齿；叶片扁平，微粗糙或下面光滑，圆锥花序穗状，长圆形或卵形，较疏松，具缺刻或有间断，小穗灰绿色或部分带紫色；颖长圆形，疏被短纤毛，芒从裂口处伸出，细直，微粗糙。颖果椭圆形。

※ 花果期4—9月。 ⦿ 新校区生科楼下草坪、新校区研究生3号公寓西侧草坪

小叶黄杨 山黄杨、千年矮、黄杨木

Buxus sinica var. *parvifolia* M. Cheng —— 黄杨科 / 黄杨属

灌木。生长低矮，枝条密集，枝圆柱形，有纵棱，灰白色；小枝四棱形，叶薄革质，阔椭圆形或阔卵形，叶面无光或光亮，侧脉明显凸出；花序腋生，头状，被毛，苞片阔卵形；雄花，约10朵，无花梗，外萼片卵状椭圆形，内萼片近圆形；雌花，子房较花柱稍长。蒴果，近球形，无毛。

※ 花期3月，果期5—6月。

⦿ 体育馆前、体育馆北侧、专家楼前

二球悬铃木 英国梧桐、法国梧桐

Platanus acerifolia (Aiton) Willdenow —— 悬铃木科 / 悬铃木属

落叶高大乔木，高约30 m。树皮光滑，大片块状脱落；嫩枝密生灰黄色绒毛；老枝秃净，红褐色。叶阔卵形，花通常4朵，被毛，花瓣矩圆形，雄蕊比花瓣长，盾形药隔有毛。果枝有头状果序1～2枚，常下垂，刺状；坚果之间无突出的绒毛，或有极短的毛。

※花期4—5月，果期9—10月。

◎新校区毅然报告厅前

灰绿黄堇 滇西灰绿黄堇、帚枝灰绿黄堇

Corydalis adunca Maxim. —— 罂粟科 / 紫堇属

多年生丛生草本，高达60 cm，微具白粉。具主根，茎数条，基生叶具长柄；叶二回羽状全裂，一回羽片4～5对，二回羽片1～2对，茎生叶与基生叶同形；总状花序长3～15 cm，多花，花冠黄色，外花瓣先端淡褐色，兜状。蒴果长圆形；种子1列，花柱宿存，种子具小凹点，种阜大。

※花期6—7月，果期7—8月。

◎北山生态实训基地

荷包牡丹 滴血的心

Lamprocapnos spectabilis (L.) Fukuhara —— 罂粟科 / 荷包牡丹属

直立草本，高30 ~ 60 cm。茎圆柱形，带紫红色，叶片轮廓三角形；总状花序长约15 cm，苞片钻形，花优美，基部心形，萼片披针形；花瓣片略呈匙形，先端圆形部分紫色，背部鸡冠状突起自先端延伸至瓣片基部，爪长圆形，胚珠多数。果未见。

※花期4—6月。

◎旧文科楼遗址

角茴香

Hypecoum erectum L. —— 罂粟科 / 角茴香属

一年生草本，高达30 cm。根圆柱形，向下渐狭，具少数细根。花茎多，圆柱形，二歧状分枝；基生叶多数，叶片轮廓倒披针形，茎生叶同基生叶，但较小；二歧聚伞花序多花；花瓣淡黄色，外面2枚倒卵形或近楔形。蒴果长圆柱形，直立，成熟时分裂成2果瓣；种子多数，近四棱形，两面均具十字形的突起。

※ 花果期5—8月。 ◎ 新校区研究生3号公寓后

虞美人

Papaver rhoeas L. 罂粟科 / 罂粟属

一年生草本，全体被伸展的刚毛。茎直立，具分枝，被淡黄色刚毛；叶互生，叶片轮廓披针形或狭卵形，羽状分裂；花单生于茎和分枝顶端。花蕾长圆状倒卵形，下垂；花瓣4，圆形、横向宽椭圆形或宽倒卵形，全缘，稀圆齿状或顶端缺刻状，紫红色，基部通常具深紫色斑点。蒴果宽倒卵形；种子多数，肾状长圆形。

※花果期3—8月。

◎旧文科楼遗址

紫叶小檗 紫叶女贞、紫叶日本小檗、小檗

Berberis thunbergii 'Atropurpurea' —— 小檗科 / 小檗属

落叶灌木。幼枝淡红带绿色，老枝暗红色具条棱；叶菱状卵形，全缘，表面黄绿色，背面带灰白色；花2～5朵呈具短总梗并近簇生的伞形花序，花被黄色，急尖，花瓣长圆状倒卵形，先端微缺，基部以上腺体靠近，花药先端截形。浆果红色，椭圆形，稍具光泽，含种子1～2粒。

※花期4—6月，果期7—10月。

◎教学10号楼E区前、体育馆四周草坪、新校区特教楼前、新校区研究生公寓南侧

毛茛 鱼疗草、鸭脚板、野芹菜

Ranunculus japonicus Thunb. —— 毛茛科 / 毛茛属

多年生草本。须根多数簇生；茎直立，高30～70 cm，中空，有槽，具分枝，生开展或贴伏的柔毛。基生叶多数；叶片圆心形或五角形；聚伞花序有多数花，疏散；花瓣5，倒卵状圆形，基部有长约0.5 mm的爪，蜜槽鳞片长1～2 mm；花药长约1.5 mm。聚合果近球形。

※ 花果期4—9月。

◎ 新校区特教楼前

芍药 将离、婪尾春、余容

Paeonia lactiflora Pall. 芍药科 / 芍药属

多年生草本，根粗壮，分枝黑褐色。茎高40 ~ 70 cm，无毛；下部茎生叶为二回三出复叶，上部茎生叶为三出复叶。花多数，生茎顶和叶腋，有时仅顶端一朵开放，而近顶端叶腋处有发育不好的花芽；花瓣9 ~ 13，倒卵形，白色，有时基部具深紫色斑块。蓇葖果顶端具喙。

※花期5—6月，果期8月。

◎新校区毅然报告厅北侧草坪、生科院南侧草坪、旧文科楼遗址

牡丹 白茸、木芍药、百雨金

Paeonia suffruticosa Andr. 芍药科 / 芍药属

落叶灌木，茎高达2 m，分枝短而粗。叶常为二回三出复叶，偶尔近枝顶的叶为3小叶；顶生小叶宽卵形，3裂至中部，裂片不裂或2 ~ 3浅裂，表面绿色，无毛，背面淡绿色，有时具白粉。花单生枝顶，直径10 ~ 17 cm；花瓣5，或为重瓣，玫瑰色、红紫色、粉红色至白色，通常变异很大，倒卵形。蓇葖果长圆形，密生黄褐色硬毛。

※花期5月，果期6月。

◎ 教学1号楼南侧花园、旧文科楼遗址、新校区毅然报告厅南侧和东侧草坪、音乐学院门前

紫斑牡丹

Paeonia rockii (S. G. Haw & Lauener) T. Hong & J. J. Li ——— 芍药科 / 芍药属

落叶灌木，茎高达2 m，分枝短而粗。叶常为二回三出复叶，小叶不分裂。花单生枝顶，直径10 ~ 17 cm；花瓣内面基部具深紫色斑块，倒卵形，顶端呈不规则的波状；花盘革质，杯状，紫红色，顶端有数个锐齿或裂片，完全包住心皮，在心皮成熟时开裂。蓇葖果长圆形，密生黄褐色硬毛。

※ 花期4—5月，果期8—9月。

◎ 美术学院南侧花园、教学1号楼后草坪、新校区毅然报告厅东侧草坪、新校区生科楼下草坪

八宝

Hylotelephium erythrostictum (Miq.) H. Ohba —— 景天科 / 八宝属

多年生草本，块根胡萝卜状。茎直立，高达70 cm，不分枝。叶对生，少有互生或3叶轮生，长圆形；伞房状花序顶生；花密生，直径约1 cm，花瓣5，白色或粉红色，宽披针形，渐尖；雄蕊与花瓣等长，花药紫色。

※ 花期8—10月。

◎ 新校区毅然报告厅东侧草坪、旧文科楼遗址、新校区地环楼前草坪

费菜 景天三七、土三七、养心草

Phedimus aizoon (Linnaeus)'t Hart —— 景天科 / 费菜属

多年生草本。根状茎木质化，有1～3条茎，直立，无毛，不分枝。叶互生，狭披针形、椭圆状披针形至卵状倒披针形，边缘有不整齐的锯齿；叶坚实，近革质。聚伞花序有多数花，水平分枝，平展，下托以苞叶；花瓣5，黄色，长圆形至椭圆状披针形，有短尖。蓇葖果星芒状排列；种子椭圆形。

※花期6—7月，果期8—9月。

◎ 新校区图书馆西南侧花园

五叶地锦 美国地锦、美国爬山虎

Parthenocissus quinquefolia (L.) Planch. —— 葡萄科 / 地锦属

木质藤本。小枝圆柱形，无毛；卷须总状，5～9分枝，相隔2节间断与叶对生，卷须顶端嫩时尖细卷曲，后遇附着物扩大成吸盘。叶为掌状5小叶，小叶倒卵圆形、倒卵椭圆形或外侧小叶椭圆形；花序假顶生形成主轴明显的圆锥状多歧聚伞花序；花瓣5，长椭圆形。果实球形，有种子1～4粒。

※花期5—7月，果期8—9月。

◎ 学校南门两侧、新校区图书馆西侧草坪、教学10号楼后、旧文科楼遗址

葡萄 全球红

Vitis vinifera L. —— 葡萄科 / 葡萄属

木质藤本。小枝圆柱形，有纵棱纹，卷须二叉分枝，每隔2节间断与叶对生，叶卵圆形，托叶早落；圆锥花序密集或疏散，多花，与叶对生，基部分枝发达，花蕾倒卵圆形，花瓣5。果实球形，种子倒椭圆形，顶端近圆形，基部有短喙；种脐在种子背面中部呈椭圆形。

※花期4—5月，果期8—9月。 专家楼南侧

金边黄杨 金边大叶黄杨、金边冬青卫矛

Euonymus japonicus var. *aurea-marginatus* Hort. —— 卫矛科 / 卫矛属

常绿灌木，高可达3 ~ 5 m。小枝具4棱，具细微皱突；叶革质，有光泽，倒卵形或椭圆形；叶片有较宽的黄色边缘；聚伞花序5 ~ 12朵花，花瓣近卵圆形，雄蕊花药长圆状，内向。蒴果近球状，淡红色；种子每室1粒，顶生，椭圆状，假种皮橘红色，全包种子。

※花期6—7月，果期9—10月。 新校区图书馆东侧

冬青卫矛 扶芳树、正木、大叶黄杨

Euonymus japonicus Thunb. —— 卫矛科 / 卫矛属

灌木，高达3 m。小枝具4棱，具细微皱突；叶革质，有光泽，倒卵形或椭圆形，边缘具有浅细钝齿；聚伞花序2 ~ 3次分枝，具5 ~ 12朵花；花白绿色，直径5 ~ 7 mm；花瓣近卵圆形，雄蕊花药长圆状，内向。蒴果近球形，熟时淡红色；种子每室1粒，顶生，椭圆形，假种皮橘红色，全包种子。

※ 花期6—7月，果熟期9—10月。

◎ 新校区毅然报告厅北侧、新校区图书馆周围、博物馆前、教学9号楼天台、艺术广场

白杜 丝棉木、明开夜合、华北卫矛

Euonymus maackii Rupr. 卫矛科 / 卫矛属

落叶小乔木，高达6 m。叶卵状椭圆形、卵圆形或窄椭圆形，边缘具细锯齿，有时极深而锐利；聚伞花序3至多数，花序梗微扁；花4朵，淡白绿或黄绿色。蒴果倒圆心形，4浅裂，熟时粉红色；种子棕黄色，长椭圆形，假种皮橙红色，全包种子，成熟后顶端常有小口。

※花期5—6月，果期9月。

◎西操场西侧

枪叶堇菜 维西堇菜

Viola belophylla H. Boissieu —— 堇菜科 / 堇菜属

多年生草本，无地上茎，植株高8 ~ 15 cm。根状茎长，木质化，通常弯曲，带白色，散生数条白色根。叶基生，叶片深绿色，先端尖或尾状渐尖，基部深心形，有时两裂片互相叠置，边缘具钝锯齿，两面近无毛或幼叶下面有细柔毛。花白色；花瓣倒卵形，侧方花瓣长1.2 ~ 1.3 cm，宽约4.5 mm，下方花瓣连距长1.6 ~ 1.9 cm。蒴果椭圆形，无毛。

※ 花期4—7月。 ◎ 教学1号楼后

紫花地丁

Viola philippica Cav. —— 堇菜科 / 堇菜属

多年生草本。无地上茎，植株高4 ~ 14 cm，果期高可达20 cm。根状茎短，垂直，淡褐色；叶多数，基生，莲座状；花中等大，紫堇色或淡紫色，稀呈白色，喉部色较淡并带有紫色条纹。蒴果长圆形，长5 ~ 12 mm；种子卵球形，长1.8 mm，淡黄色。

※ 花果期4月中下旬至9月。 ◎ 逸夫图书馆南侧草坪、西操场北侧

早开堇菜 泰山堇菜、毛花早开堇菜

Viola prionantha Bunge —— 堇菜科 / 堇菜属

多年生草本。无地上茎，植株花期高3 ~ 10 cm，果期高可达20 cm。根状茎垂直上端常有去年残叶围绕。叶片花期长圆状卵形、卵状披针形，密生细圆齿，果期叶增大，呈三角状卵形；花大，紫堇色或紫色，喉部色淡有紫色条纹。蒴果长椭圆形，顶端钝常具宿存的花柱；种子多数，卵球形，深褐色常有棕色斑点。

※ 花果期4月上中旬至9月。

◎ 北山生态实训基地

三色堇 猴面花、鬼脸花、猫儿脸

Viola tricolor L. —— 堇菜科 / 堇菜属

一二年生或多年生草本。地上茎较粗，直立或稍倾斜，有棱，单一或多分枝。基生叶叶片长卵形或披针形，具长柄；茎生叶叶片卵形、长圆状圆形或长圆状披针形；托叶大型，叶状，羽状深裂；花大，每个茎上有3 ~ 10朵，通常每花有紫、白、黄三色。蒴果椭圆形，长8 ~ 12 mm。

※ 花期4—7月，果期5—8月。

◎ 北山生态实训基地

银白杨

Populus alba L. —— 杨柳科 / 杨属

乔木，高30 m。树皮白色或灰白色。幼枝被白色绒毛，萌条密被绒毛。芽密被白绒毛，后脱落。萌枝和长枝叶卵圆形，掌状3 ~ 5浅裂；短枝卵圆形或椭圆状卵形；雄花序长3 ~ 6 cm，花序轴有毛，苞片膜质；雌花序长5 ~ 10 cm，花序轴有毛。蒴果细圆锥形，无毛。

※花期4—5月，果期5月。

◎家属8号楼西侧

新疆杨

Populus alba var. *pyramidalis* Bunge —— 杨柳科 / 杨属

乔木，高15 ~ 30 m。树皮为灰白色或青灰色，光滑少裂。树冠窄圆柱形或尖塔形，光滑少裂。萌条和长枝叶掌状深裂，基部平截；短枝叶圆形，有粗缺齿，侧齿近对称，基部平截。叶阔三角形或阔卵形，表面光滑，背面有白绒毛；雄花序长5 cm。蒴果长椭圆形，2瓣裂，仅见雄株。

※花期4—5月，果期5月。 ◎东操场北侧、西侧

河北杨

Populus × hopeiensis Hu & Chow —— 杨柳科 / 杨属

乔木，高达30 m。树皮黄绿色至灰白色，光滑。芽长卵形或卵圆形，被柔毛，无黏质。叶卵形或近圆形，先端急尖或钝尖，基部截形、圆形或广楔形，边缘有弯曲或不弯曲波状粗齿，齿端锐尖，内曲，上面暗绿色，下面淡绿色，发叶时下面被绒毛；叶柄侧扁，初时被毛与叶片等长或较短。雄花序长约5 cm，花序轴被密毛；雌花序长3～5 cm，花序轴被长毛；子房卵形，光滑，柱头2裂。蒴果长卵形，2瓣裂，有短柄。

※ 花期4月，果期5—6月。

东操场北侧

小叶杨

Populus simonii Carr. —— 杨柳科 / 杨属

乔木，高达20 m，胸径50 cm以上。树皮幼时灰绿色，老时暗灰色，沟裂；树冠近圆形。叶菱状卵形、菱状椭圆形或菱状倒卵形；雄花序长2～7 cm，花序轴无毛，苞片细条裂，雄蕊8～9（25）；雌花序长2.5～6 cm。果序长达15 cm；蒴果小，2（3）瓣裂，无毛。

※ 花期3—5月，果期4—6月。

新校区化工楼后

毛白杨

Populus tomentosa Carr. —— 杨柳科 / 杨属

乔木，高达30 m。树皮幼时暗灰色，壮时灰绿色，渐变为灰白色。树冠圆锥形。侧枝开展，雄株斜上，老树枝下垂。芽卵形，花芽卵圆形或近球形，微被毡毛。长枝叶阔卵形，短枝叶通常较小，雄花序长10 ~ 14 cm，雌花序长4 ~ 7 cm。果序长达14 cm；蒴果圆锥形，2瓣裂。

※ 花期3月，果期4—5月。

◎ 东操场东北角、西操场西北边主席台、新校区化工楼北侧

垂柳 柳树

Salix babylonica L. —— 杨柳科 / 柳属

乔木，高达18 m。枝细长下垂，无毛。叶窄披针形或线状披针形，下面淡绿色，有锯齿；花序先叶开放，或与叶同时开放；雄花序长1.5 ~ 2 cm，有短梗，轴有毛；雌花序长2 ~ 3 cm，基部有3 ~ 4小叶。蒴果长3 ~ 4 mm。

※花期3—4月，果期4—5月。

◎教学4号楼前、家属4号楼西南侧

旱柳

Salix matsudana Koidz. —— 杨柳科 / 柳属

乔木，高达20 m，胸径达80 cm。枝细长，直立或斜展，无毛，幼枝有毛。芽微有柔毛。叶披针形，基部窄圆或楔形，下面苍白或带白色，有细腺齿，幼叶有丝状柔毛；花序与叶同时开放；雄花序圆柱形，长1.5 ~ 2.5（3）cm；雌花序长达2 cm。果序长达2 cm。

※花期4月，果期4—5月。

◎西操场主席台两侧、教学10号楼后

龙爪柳

Salix matsudana f. *tortuosa* (Vilm.) Rehd. —— 杨柳科 / 柳属

乔木，高达18 m，胸径达80 cm。大枝斜上，树冠广圆形；树皮暗灰黑色，有裂沟，枝卷曲。芽有短柔毛。叶披针形，有细腺锯齿缘；叶柄短，有长柔毛，花序与叶同时开放；雄花序圆柱形。果序长达2 cm。

※ 花期4月，果期4—5月。

◎ 清真餐厅前、校医院前、西操场北侧草坪、体育馆南侧

泽漆 五风草、五灯草、五朵云

Euphorbia helioscopia L. —— 大戟科 / 大戟属

一年生草本，根纤细，下部分枝。茎直立，单一或自基部多分枝，分枝斜展向上，光滑无毛。叶互生，倒卵形，先端具齿，中部以下渐狭或呈楔形；花序单生，有柄或近无柄。雄花多数，伸出总苞；雌花1，房柄微伸出总苞边缘。蒴果三棱状宽圆形，具3纵沟；种子卵状，暗褐色，具明显的脊网。

※ 花果期4—10月。

◎ 新校区生科楼南侧草坪

亚麻 山西胡麻、壁虱胡麻、鸦麻

Linum usitatissimum L. —— 亚麻科 / 亚麻属

一年生草本。茎直立，高30 ~ 120 cm，多在上部分枝；叶互生；叶片线形，花单生于枝顶或枝的上部叶腋，组成疏散的聚伞花序；花瓣5，倒卵形，蓝色或紫蓝色，先端啮蚀状；雄蕊5枚，花丝基部合生；退化雄蕊5枚，钻状。蒴果球形，干后棕黄色，室间开裂成5瓣；种子10粒，长圆形，扁平，棕褐色。

※花期6—8月，果期7—10月。 北山生态实训基地

酢浆草 酸三叶、酸醋酱、鸠酸

Oxalis corniculata L. —— 酢浆草科 / 酢浆草属

草本，高10 ~ 35 cm，全株被柔毛。根茎稍肥厚。茎细弱，多分枝，直立或匍匐，匍匐茎节上生根。叶基生或茎上互生；花单生或数朵组成伞形花序状，腋生，总花梗淡红色，与叶近等长；花瓣5，黄色，长圆状倒卵形。蒴果长圆柱形，5棱；种子长卵形，褐色或红棕色，具横向肋状网纹。

※花果期2—9月。 教学10号楼后草坪、新校区培训学院公寓南侧草坪

黄花酢浆草

Oxalis pes-caprae L. —— 酢浆草科 / 酢浆草属

多年生草本，高5～10 cm。根茎匍匐，具块茎，地上茎短缩不明显或无地上茎，基部具褐色膜质鳞片。叶多数，基生；基部楔形，两面被柔毛，具紫斑。伞形花序基生，明显长于叶，总花梗被柔毛；花瓣黄色，宽倒卵形。蒴果圆柱形，被柔毛；种子卵形。

※花果期2—9月。

◎教学3号楼后

西葫芦

Cucurbita pepo L. —— 葫芦科 / 南瓜属

一年生蔓生草本。茎有棱沟，有短刚毛和半透明的糙毛。叶片质硬，挺立，三角形或卵状三角形。卷须稍粗壮，具柔毛，分多歧。雌雄同株。雄花单生；花冠黄色，常向基部渐狭呈钟状，分裂至近中部，裂片直立或稍扩展，顶端锐尖；雌花单生，子房卵形，1室。

◎家属4号楼前

四季海棠 四季秋海棠、蚬肉海棠

Begonia cucullata var. *hookeri* (Sweet) L. B. Sm. & B. G. Schub. —— 秋海棠科 / 秋海棠属

多年生常绿草本，高15 ~ 30 cm。茎直立，肉质。单叶互生，有光泽，卵圆形至广卵圆形，绿色。叶卵形或宽卵形，边缘有锯齿和缘毛，两面光亮，绿色，主脉通常微红。聚伞花序腋生，具多数花，花红色、淡红色或白色。蒴果具翅。

※ 花期3—12月。

◎ 博物馆前花台、行政1号楼前花台

合欢 马缨花、绒花树

Albizia julibrissin Durazz. —— 豆科 / 合欢属

落叶乔木，高达16 m。树冠开展；小枝有棱角，嫩枝、花序和叶轴被绒毛或短柔毛。托叶线状披针形，较小叶小，早落。二回羽状复叶，总叶柄近基部及最顶一对羽片着生处各有1枚腺体。头状花序于枝顶排成圆锥花序；花粉红色。荚果带状，嫩荚有柔毛，老时无毛。

※ 花期6—7月，果期8—10月。

◎ 教学10号楼A区后

甘肃锦鸡儿 母猪刺

Caragana kansuensis Pojark. —— 豆科 / 锦鸡儿属

矮灌木，高达60 cm，基部多分枝，开展。枝条细长，灰褐色，疏被柔毛，具条棱。假掌状复叶有小叶2对，托叶在长枝上硬化成针刺，宿存；花单生，花萼管状，基部一侧呈囊状凸起，萼齿三角形；花冠黄色，旗瓣卵形或宽卵形，中央有土黄色斑点，翼瓣与龙骨瓣均与旗瓣近等长。荚果圆筒形。

※ 花期4—6月，果期6—8月。 ◎ 北山生态实训基地

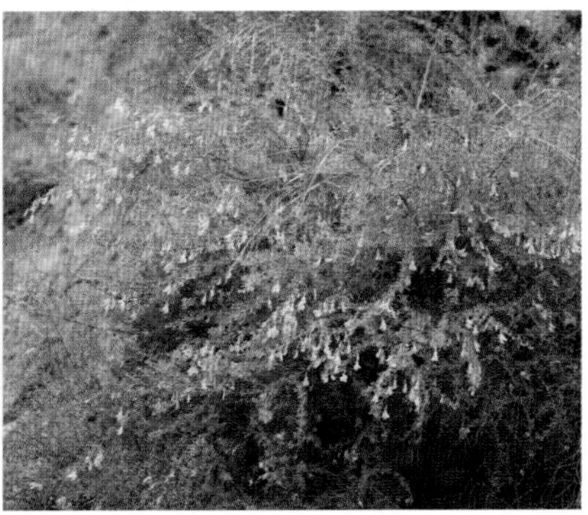

柠条锦鸡儿 白柠条、柠条

Caragana korshinskii Kom. —— 豆科 / 锦鸡儿属

灌木，稀小乔木状，高达4 m。老枝金黄色；嫩枝被白色柔毛。羽状复叶有6～8对小叶；托叶在长枝上硬化成针刺，宿存；花单生，密被柔毛，关节在中上部，花萼管状钟形，旗瓣宽卵形或近圆形，先端近截形或稍凹，具短瓣柄，翼瓣瓣柄稍短于瓣片，先端稍尖，耳齿状，龙骨瓣稍短于翼瓣，先端稍尖。荚果披针形，有时被疏柔毛。

※ 花期5月，果期6月。

◎ 北山生态实训基地

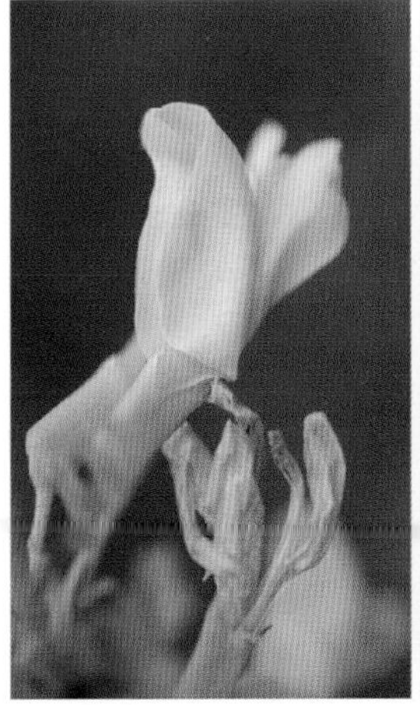

羽扇豆 鲁冰花

Lupinus micranthus Guss. 豆科 / 羽扇豆属

一年生草本，高20～70 cm。茎上升或直立，基部分枝，全株被棕色或锈色硬毛。掌状复叶具小叶5～8，总状花序顶生，宿存花冠蓝色，旗瓣和龙骨瓣具白色斑纹。荚果长圆状线形，密被棕色硬毛，先端具下指的短喙，种子间节荚状；有3～4粒种子；种子卵圆形，扁平，光滑。

※花期3—5月，果期4—7月。

◎逸夫图书馆前、旧文科楼遗址

天蓝苜蓿 天蓝

Medicago lupulina L. 豆科 / 苜蓿属

一二年生或多年生草本，高15～60 cm，全株被柔毛或有腺毛。主根浅，须根发达。茎平卧或上升，多分枝，叶茂盛。羽状三出复叶。花序小头状，具花10～20朵；花冠黄色，旗瓣近圆形，顶端微凹，翼瓣和龙骨瓣近等长，均比旗瓣短。荚果肾形，表面具同心弧形脉纹，熟时变黑；种子卵形，褐色，平滑。

※花期7—9月，果期8—10月。

◎新校区研究生公寓周围草坪、新校区特教楼前草坪

紫苜蓿 苜蓿

Medicago sativa L. 豆科 / 苜蓿属

多年生草本，高30 ~ 100 cm。根粗壮，深入土层，根颈发达。茎直立、丛生以至平卧，四棱形，枝叶茂盛。羽状三出复叶；花序总状或头状，花冠各色，淡黄色、深蓝色至暗紫色，旗瓣长圆形，明显较翼瓣和龙骨瓣长，翼瓣较龙骨瓣稍长。荚果螺旋状紧卷，熟时棕色；种子卵形，黄色或棕色。

※花期5—7月，果期6—8月。

◎新校区化工楼西侧草坪

菜豆 香菇豆、芸豆、四季豆

Phaseolus vulgaris L. 豆科 / 菜豆属

一年生缠绕或近直立草本。茎被短柔毛或老时无毛。羽状复叶具3小叶。总状花序比叶短，有多数生于花序顶部的花；花冠白色、黄色、紫堇色或红色；旗瓣近方形，宽9 ~ 12 mm，翼瓣倒卵形，龙骨瓣长约1 cm，先端旋卷，子房被短柔毛，花柱压扁。荚果带形，稍弯曲，种子4 ~ 6粒。

※花期春夏。

◎家属43号楼后

刺槐 洋槐、槐花、伞形洋槐

Robinia pseudoacacia L. —— 豆科 / 刺槐属

落叶乔木，高10 ~ 25 m。树皮灰褐色，浅裂至深纵裂。小枝灰褐色，幼时有棱脊；具托叶刺，长达2 cm；冬芽小，被毛。羽状复叶，小叶2 ~ 12对，常对生；总状花序腋生，下垂，花多数，芳香；花冠白色，各瓣均具瓣柄，旗瓣近圆形，翼瓣斜倒卵形。荚果褐色，线状长圆形；种子褐色，微具光泽，近肾形。

※ 花期4—6月，果期8—9月。

◎ 网球场北侧、逸夫图书馆北侧草坪、实验幼儿园后

毛洋槐 红花刺槐

Robinia hispida L. —— 豆科 / 刺槐属

落叶灌木或小乔木，高达1～3 m。幼枝密被紫红色硬腺毛及白色曲柔毛，二年生枝密被褐色刚毛。总状花序腋生，花3～8朵，花冠红色至玫瑰红色，花瓣具柄，旗瓣近肾形。

※花期5—6月，果期7—10月。

◎新校区图书馆北侧草坪

槐 国槐、豆槐、细叶槐

Styphnolobium japonicum (L.) Schott —— 豆科 / 槐属

乔木，高25 m。树皮灰褐色，具纵裂纹。羽状复叶长达25 cm；圆锥花序顶生，常呈金字塔形；花冠白色或淡黄色，旗瓣近圆形，翼瓣卵状长圆形，龙骨瓣阔卵状长圆形。荚果串珠状；种子间缢缩不明显，种子排列较紧密，具肉质果皮，成熟后不开裂，具种子1～6粒；种子卵球形，淡黄绿色，干后黑褐色。

※ 花期6—7月，果期8—10月。

◎ 学校主干道两侧、网球场东侧、逸夫图书馆北侧

龙爪槐

Styphnolobium japonicum 'Pendula' 豆科 / 槐属

乔木，高25 m；灰褐色，具纵裂纹。羽状复叶长达25 cm；圆锥花序顶生，常呈金字塔形，长达30 cm；花冠白色或淡黄色，旗瓣近圆形，翼瓣卵状长圆形，龙骨瓣阔卵状长圆形。荚果串珠状；种子排列较紧密，具肉质果皮，成熟后不开裂，具种子1 ~ 6粒；种子卵球形，淡黄绿色。

※ 花期7—8月，果期8—10月。

◎ 博物馆前、水塔南侧

白车轴草 荷兰翘摇、白三叶、三叶草

Trifolium repens L. —— 豆科 / 车轴草属

短期多年生草本，生长期达5年，高10～30 cm。主根短，侧根和须根发达。茎匍匐蔓生，上部稍上升，节上生根；掌状三出复叶；花序球形，顶生，具20～50朵密集的花，花萼钟形，萼齿5，花冠白色、乳黄色或淡红色，具香气。旗瓣椭圆形，比翼瓣和龙骨瓣长近一倍，龙骨瓣比翼瓣稍短。荚果长圆形；种子阔卵形。

※花果期5—10月。

◎新校区毅然报告厅北侧草坪、新校区图书馆周围草坪、新校区前草坪

红车轴草 红三叶

Trifolium pratense L. —— 豆科 / 车轴草属

短期多年生草本，生长期2～5（9）年。主根深入土层达1 m。茎粗壮，具纵棱，直立或平卧上升；掌状三出复叶，托叶近卵形，膜质，基部抱茎，小叶卵状椭圆形至倒卵形，叶面上常有V字形白斑。花序球状或卵状，顶生，花冠紫红色至淡红色。荚果卵形，通常有1粒扁圆形种子。

※花果期5—9月。

◎ 新校区毅然报告厅北侧草坪、新校区研究生公寓4号楼西北侧草坪

大花野豌豆 野豌豆、毛苕子、老豆蔓

Vicia bungei Ohwi —— 豆科 / 野豌豆属

一年生或二年生缠绕或匍匐草本，高15～40（50）cm。茎有棱，多分枝，偶数羽状复叶，卷须，分枝，托叶半箭头形；总状花序长于叶或与叶近等长；具2～4朵花，花冠红紫色或金蓝紫色，旗瓣倒卵披针形，翼瓣短于旗瓣，龙骨瓣短于翼瓣。荚果扁长圆；种子2～8粒，球形。

※花期4—5月，果期6—7月。

◎ 新校区西侧草坪

救荒野豌豆 大巢菜、箭舌野豌豆、苕子

Vicia sativa L. 豆科 / 野豌豆属

一年生或二年生草本。茎斜升或攀缘，单一或多分枝，具棱；偶数羽状复叶，叶戟形，花1～2（4）朵，腋生，近无梗；小叶2～7对，长椭圆形或近心形，先端圆或平截有凹，具短尖头，基部楔形，侧脉不甚明显，两面被贴伏黄柔毛。花冠紫红色或红色，旗瓣长倒卵圆形，先端圆，微凹，中部两侧缢缩，翼瓣短于旗瓣，龙骨瓣短于翼瓣。荚果线状长圆形；种子4～8粒，圆球形，棕色或黑褐色。

※ 花期4—7月，果期7—9月。

体育馆前草坪

四籽野豌豆 小乔菜、乔乔子、野苕子

Vicia tetrasperma (L.) Schreber 豆科 / 野豌豆属

一年生缠绕草本，高20～60 cm。茎纤细柔软，有棱。偶数羽状复叶卷须通常无分枝，托叶箭头形或半三角形，小叶2～6对，长圆形或线形；总状花序长约3 cm，花1～2朵着生于花序轴先端；花冠淡蓝色，旗瓣长圆倒卵形，翼瓣与龙骨瓣近等长。荚果长圆形，棕黄色，近革质，具网纹；种子4粒，扁圆形，褐色。

※ 花期3—6月，果期6—8月。

北山生态实训基地

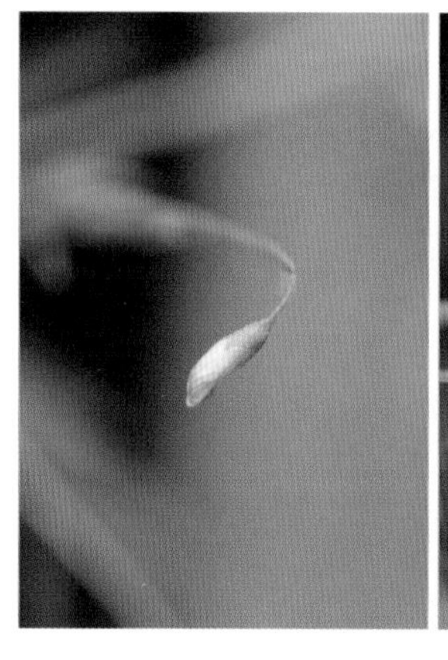

紫藤 紫藤萝、白花紫藤

Wisteria sinensis (Sims) Sweet —— 豆科 / 紫藤属

落叶藤本，长约20 m。茎左旋，枝较粗壮，嫩枝被白色柔毛；冬芽卵形。奇数羽状复叶长15～25 cm；总状花序发自上年短枝的腋芽或顶芽；花冠紫色，旗瓣反折，基部有2枚柱状胼胝体。荚果线状倒披针形；种子褐色，具光泽，圆形。

※花期4月中旬—5月上旬，果期5—8月。 ◎逸夫图书馆北侧

胡桃 核桃

Juglans regia L. —— 胡桃科 / 胡桃属

乔木，高达20 ~ 25 m。树冠广阔；树皮幼时灰绿色，老时则灰白色而纵向浅裂；小枝无毛，具光泽，被盾状着生的腺体，灰绿色，后来带褐色。奇数羽状复叶25 ~ 30 cm；雄性葇荑花序下垂；雌性穗状花序通常具1 ~ 3朵雌花。果序短，俯垂，具1 ~ 3果；果近于球状，果核稍具皱曲，有2条纵棱，顶端具短尖头。

※花期5月，果期10月。 旧文科楼遗址北侧

白桦 粉桦、桦木、桦皮树

Betula platyphylla Suk. —— 桦木科 / 桦木属

乔木，树木高可达25 m。树皮灰白色，成层剥裂；枝条暗灰色或暗褐色，具或疏或密的树脂腺体或无；叶厚纸质，三角状卵形，顶端锐尖，基部截形，边缘具重锯齿。果序单生，圆柱形或矩圆状圆柱形，通常下垂；小坚果矩圆形，背面疏被短柔毛，膜质翅较果长1/3，较少与之等长，与果等宽或较果稍宽。

※ 花期4—5月，果期6—9月。

◎ 西操场东侧

多裂骆驼蓬 匐根骆驼蓬

Peganum multisectum (Maxim.) Bobr. —— 白刺科 / 骆驼蓬属

多年生草本，嫩时被毛。茎平卧，长达80 cm，积沙成丘。叶2 ~ 3回深裂，基部裂片与叶轴近垂直，萼片3 ~ 5深裂；花瓣淡黄色，倒卵状矩圆形，雄蕊15，短于花瓣。蒴果近球形，顶部稍平扁；种子多数，略成三角形，长2 ~ 3 mm，稍弯，黑褐色，表面有小瘤状突起。

※ 花期5—7月，果期6—9月。

◎ 水塔下面草坪

陕甘山桃

Amygdalus davidiana var. *potaninii* (Batal.) Yü et Lu —— 蔷薇科 / 桃属

乔木，高达10 m。树冠开展，树皮暗紫色；小枝细长，直立；叶卵状披针形，叶片基部圆形至宽楔形，边缘锯齿较细钝；花单生，先于叶开放；花瓣倒卵形，粉红色，先端钝圆，稀微凹。果实及核均为椭圆形或长圆形，熟时淡黄色，密被柔毛；果肉薄而干，不可食，成熟时不裂。

※ 花期3—4月，果期7—8月。

◎ 百花园、家属2号楼南侧、艺术广场南侧草坪、新校区毅然报告厅南侧草坪

红花碧桃

Amygdalus persica 'Rubro-plena' 蔷薇科 / 桃属

落叶小乔木，高可达8 m。树冠广卵形；暗红褐色，老时粗糙呈鳞片状；冬芽圆锥形，顶端钝，外被短柔毛，常2 ~ 3枚簇生，中间为叶芽，两侧为花芽。叶片长圆披针形、椭圆披针形或倒卵状披针形；花单生，先于叶开放；花瓣长圆状椭圆形至宽倒卵形，粉红色，罕为白色。果实形状和大小均有变异，卵形、宽椭圆形，外面密被短柔毛，腹缝明显。

※花期3—4月，果期8—9月。

◎教学1号楼后、蓝天公寓4号楼门口

红叶碧桃 紫叶桃、紫叶碧桃

Amygdalus persica 'Atropurpurea' 蔷薇科 / 桃属

落叶小乔木，高3 ~ 5 m。树皮灰褐色，小枝红褐色；单叶互生，卵圆状披针形，幼叶鲜红色；花重瓣，桃红色。核果球形，果皮有短茸毛，内有蜜汁。

※花期4—5月，果期6—8月。

◎学校西门南侧草坪、新校区生科楼南侧草坪、新校区特教楼前草坪

榆叶梅

Amygdalus triloba (Lindl.) Ricker —— 蔷薇科 / 桃属

灌木，稀小乔木，高2～3 m。枝条开展，具多数短小枝；小枝无毛，短枝叶常簇生，一年生枝叶互生，叶宽椭圆形或倒卵形；花1～2朵，先叶开放，花瓣近圆形或宽倒卵形，粉红色。核果近球形，顶端具小尖头，熟时红色，被柔毛。

※ 花期4—5月，果期5—7月。

◎ 新校区图书馆西侧草坪、中心广场东西两侧、逸夫图书馆门口、旧文科楼遗址

重瓣榆叶梅 小桃红

Amygdalus triloba f. *multiplex* (Bge.) Rehd. —— 蔷薇科 / 桃属

落叶灌木，株高2～5 m。枝条开展，具多数短小枝；小枝灰色，一年生枝灰褐色；短枝上的叶常簇生，一年生枝上的叶互生；叶宽卵形至倒卵形，常3裂；花重瓣，花1～2朵，先叶开放。核果，近球形，红色，壳面有皱纹；果肉薄，成熟时开裂；果核近球形，具厚硬壳，表面具不整齐的网纹。

※ 花期3—4月，果期5—6月。

◎ 教学6号楼西侧草坪、教学1号楼后、专家楼门口、新校区图书馆西侧

杏 杏花、杏树

Armeniaca vulgaris Lam. —— 蔷薇科 / 杏属

乔木，高5 ~ 8（12）m。树冠圆形、扁圆形或长圆形；树皮灰褐色，纵裂。叶宽卵形，基部圆，有钝圆锯齿，两面无毛；花单生，先叶开放；花瓣圆形或倒卵形，白色带红晕，花柱下部具柔毛。核果球形，稀倒卵圆形，熟时白色、黄色或黄红色，常具红晕，微被柔毛；果肉多汁，熟时不裂；果核卵圆形，种仁味苦或甜。

※ 花期3—4月，果期6—7月。

◎ 家属15号楼后、教学10号楼A区后、家属4号楼西侧、教学1号楼西侧

日本晚樱 矮樱

Cerasus serrulata var. *lannesiana* (Carri.) Makino —— 蔷薇科 / 樱属

乔木，高3～8 m。树皮银灰色，有锈色唇形皮孔；小枝灰白色，无毛。冬芽卵圆形，无毛；叶片为椭圆状卵形，纸质，具重锯齿。伞房花序总状或近伞形，有花2～3朵；花瓣粉色，倒卵形，先端下凹。核果球形或卵球形，紫黑色。

※花期4—5月，果期6—7月。

◎ 知行学院前、学校北门东侧、教学9号楼北侧草坪、新校区食堂前草坪、新校区化工楼西侧草坪、家属35号楼西侧、教学4号楼东侧

毛樱桃 樱桃、山豆子、梅桃

Cerasus tomentosa (Thunb.) Wall. —— 蔷薇科 / 樱属

灌木，高0.3～1 m，稀呈小乔木状，高可达2～3 m。小枝紫褐色或灰褐色，嫩枝密被绒毛到无毛；冬芽卵形，疏被短柔毛或无毛。叶卵状椭圆形或倒卵状椭圆形；花单生或2朵簇生，花叶同时开放或花先叶开放；花瓣白色或粉红色，倒卵形。核果近球形，熟时红色。

※ 花期4—5月，果期6—9月。

◎ 水塔山下、田家炳教育学院地下西侧草坪

山樱花 樱花、野生福岛樱

Cerasus serrulata (Lindl.) G. Don ex London —— 蔷薇科 / 樱属

乔木，高达3～8 m，树皮灰褐色或灰黑色。小枝灰白色，无毛。冬芽卵圆形，基部圆形，边有渐尖单锯齿及重锯齿，齿尖有小腺体，无毛。叶卵状椭圆形或倒卵状椭圆形；花序伞房总状或近伞形，有2～3朵花；花瓣白色，稀粉红色，倒卵形，先端下凹。核果球形或卵圆形，熟后紫黑色。

※花期4—5月，果期6—7月。

◎教学6号楼后、家属44号楼东侧花园、体育馆北侧草坪

东京樱花 樱花、日本樱花、吉野樱

Cerasus × *yedoensis* (Mats.) Yü et Li —— 蔷薇科 / 樱属

乔木，高达4 ~ 16 m；树皮灰褐色或灰黑色。小枝灰白色，无毛。冬芽卵圆形，无毛。叶卵状椭圆形或倒卵状椭圆形；花序伞形总状，总梗极短，有花3 ~ 4朵，先叶开放；花瓣白色，稀粉红色，倒卵形，先端下凹。核果球形。

※ 花期4月，果期5月。

◎ 家属35号楼西侧

重瓣棣棠花

Kerria japonica f. *pleniflora* (Witte) Rehd. —— 蔷薇科 / 棣棠花属

落叶灌木，高1～2 m。小枝绿色，有条纹，略呈曲折状；叶三角状卵形，先端长渐尖，基部近圆形，边缘有尖锐重锯齿。单花，着生在侧枝顶端，重瓣；花直径2.5～6 cm；花瓣黄色，宽椭圆形，顶端下凹。瘦果倒卵形至半球形，褐色或黑褐色。

※ 花期4—6月，果期6—8月。

◎ 新校区毅然报告厅南侧草坪、新校区图书馆前草坪

皱皮木瓜 贴梗木瓜、贴梗海棠、铁脚梨

Chaenomeles speciosa (Sweet) Nakai —— 蔷薇科 / 木瓜海棠属

落叶灌木，高达2 m。枝条直立开展，有刺；冬芽三角卵圆形，紫褐色。叶卵形至椭圆形；花先叶开放，3 ~ 5朵簇生于二年生老枝上；花瓣倒卵形或近圆形，基部延伸成短爪，猩红色。果球形或卵球形，黄色或带红色，味芳香。

※花期3—5月，果期9—10月。

◎ 教学9号楼北侧草坪、新校区图书馆南侧草坪、艺术广场西北侧、教学10号楼A区后、教学10号楼B区前、学校西门南侧草坪、研究生院前

水栒子 多花栒子、灰栒子

Cotoneaster multiflorus Bge. 蔷薇科 / 栒子属

落叶灌木，高达4 m。枝条细瘦，常呈弓形弯曲；小枝圆柱形，红褐色或棕褐色。叶片卵形或宽卵形，托叶线形，疏生柔毛，脱落；花多数，5 ~ 21朵，成疏松的聚伞花序；花瓣平展，近圆形，白色。果实近球形或倒卵形，红色。

※ 花期5—6月，果期8—9月。

新校区生科院楼下草坪、新校区图书馆南侧草坪

蛇莓 蛇泡草、龙吐珠、三爪风

Duchesnea indica (Andr.) Focke —— 蔷薇科 / 蛇莓属

多年生草本。根茎短，粗壮；匍匐茎多数，长30～100 cm，有柔毛。小叶片倒卵形至菱状长圆形；花单生于叶腋；花瓣倒卵形，黄色，先端圆钝。瘦果卵形。

※ 花期6—8月，果期8—10月。

◎ 教学10号楼西侧

草莓 凤梨草莓

Fragaria × *ananassa* Duch. —— 蔷薇科 / 草莓属

多年生草本，高10 ~ 40 cm。茎密被黄色柔毛。叶三出，小叶具短柄，倒卵形或菱形。聚伞花序，具花5 ~ 15朵，花序下面具一短柄的小叶；花两性；花瓣白色，近圆形或倒卵椭圆形，基部具不显的爪。聚合果大，鲜红色，宿存萼片直立，紧贴于果实。

※ 花期4—5月，果期6—7月。 新校区研究生3号公寓西侧草坪

垂丝海棠 垂枝海棠

Malus halliana Koehne —— 蔷薇科 / 苹果属

落叶小乔木，高达5 m，树冠开展。叶片卵形或椭圆形至长椭圆形；伞房花序，具花4 ~ 6朵，花梗细弱下垂，有稀疏柔毛，紫色；花瓣倒卵形，基部有短爪，粉红色，常在5枚以上。果实梨形或倒卵形，略带紫色，成熟很迟。

※ 花期3—4月，果期9—10月。

新校区化工楼西侧草坪、校医院北侧

西府海棠 海红、子母海棠、小果海棠

Malus × *micromalus* Makino 蔷薇科 / 苹果属

小乔木，高达2 ~ 5 m。树枝直立性强；小枝细弱圆柱形，紫红色；冬芽卵形，暗紫色。叶片长椭圆形，先端急尖，边缘有尖锐锯齿；伞形总状花序，具花4 ~ 7朵，集生于小枝顶端；花瓣近圆形，粉红色。果实近球形，红色 。

※花期4—5月，果期8—9月。

◎新校区化工楼西侧草坪、新校区特教楼门口、校医院北侧、物电大楼南侧草坪

二裂委陵菜

Potentilla bifurca L. 蔷薇科 / 委陵菜属

多年生草本或亚灌木。根圆柱形，纤细，木质；花茎直立或上升，被疏柔毛或硬毛；羽状复叶，有5～8对小叶。近伞状聚伞花序，顶生，疏散；花瓣黄色，倒卵形。瘦果光滑。

※花果期5—9月。

◎北山生态实训基地

荒漠委陵菜

Potentilla desertorum Bge. 蔷薇科 / 委陵菜属

多年生草本。根粗壮，圆柱形；花茎直立或上升，被短柔毛、长柔毛及有柄或无柄红色腺体。基生叶为掌状或近鸟足状5小叶；茎生叶5小叶，最上部为3小叶，与基生叶小叶相似，叶柄较短。顶生伞房状聚伞花序，花直径1.5～2 cm；花瓣黄色，倒卵形，顶端微凹；花柱近顶生，基部极为膨大，花柱扩大。瘦果光滑或有不明显脉纹。

※花期6—8月。

◎北山生态实训基地

朝天委陵菜 伏萎陵菜、铺地委陵菜、鸡毛菜

Potentilla supina L. —— 蔷薇科 / 委陵菜属

一年生或二年生草本。主根细长，并有稀疏侧根；茎平展，上升或直立，叉状分枝。基生叶羽状复叶，有小叶2～5对；小叶互生或对生，长圆形或倒卵状长圆形；花茎上多叶，下部花自叶腋生，顶端呈伞房状聚伞花序；花瓣黄色，倒卵形。瘦果长圆形，表面具脉纹。

※花果期3—10月。

◎教学6号楼东侧草坪

紫叶李 红叶李、真红叶李

Prunus cerasifera f. *atropurpurea* (Jacq.) Rehd. —— 蔷薇科 / 李属

灌木或小乔木，高可达8 m。多分枝，暗灰色，有时有棘刺；冬芽卵圆形，先端急尖；叶片椭圆形，先端急尖，边缘有圆钝锯齿；花1朵，稀2朵；花瓣白色，长圆形或匙形，边缘波状。核果近球形或椭圆形，黄色、红色或黑色，微被蜡粉。

※ 花期4月，果期8月。

◎ 教学10号楼A区后、学校正门西侧、新校区餐厅对面草坪、新校区化工楼西侧草坪、旧文科楼遗址西侧、物电大楼西侧

月季花 月月红、长春花

Rosa chinensis Jacq. 蔷薇科 / 蔷薇属

直立灌木，高1～2 m。小枝有短粗钩状皮刺或无刺。小叶3～5，小叶宽卵形，有锐锯齿；花数朵集生，直径4～5 cm；花瓣重瓣至半重瓣，红色、粉红色或白色。果卵圆形或梨形，熟时红色。

※ 花期4—9月，果期6—11月。

◎ 蓝天公寓3号楼前花园、新校区特教楼对面草坪、逸夫图书馆西侧草坪、美术学院南侧草坪、家属44号楼前

单瓣月季花

Rosa chinensis var. *spontanea* (Rehd. et Wils.) Yü et Ku —— 蔷薇科 / 蔷薇属

直立灌木，高0.3 ~ 5 m。枝条圆筒状，有宽扁皮刺；小叶片3 ~ 5；花瓣红色，生于茎顶，单瓣，萼片常全缘，稀具少数裂片。果球形或梨形，成熟前为绿色，成熟果实为橘红色。

※ 花期4 — 9月，果期6—11月。

◎ 新校区图书馆前、新校区喷泉旁、新校区特教楼前草坪

野蔷薇 墙靡、刺花、多花蔷薇

Rosa multiflora Thunb. —— 蔷薇科 / 蔷薇属

攀缘灌木。小枝圆柱形，通常无毛。小叶片倒卵形、长圆形或卵形，边缘有尖锐单锯齿；花多数，排成圆锥状花序；花瓣白色，宽倒卵形，先端微凹，基部楔形。果近球形，红褐色或紫褐色，有光泽，无毛，萼片脱落。

※花期5—7月，果熟期9—10月。 ◎教学10号楼A区后

七姊妹 十姊妹、七姐妹

Rosa multiflora var. *carnea* Thory —— 蔷薇科 / 蔷薇属

攀缘灌木。小枝圆柱形，通常无毛，有短粗稍弯曲皮束。小叶5~9，近花序的小叶，有时3；小叶片倒卵形、长圆形或卵形；花多数，排成圆锥状花序；花瓣白色，宽倒卵形，先端微凹，基部楔形。果近球形，红褐色或紫褐色，有光泽。

※花期5—7月，果熟期9—10月。 ◎家属45号楼前花园、旧文科楼遗址

粉红香水月季 紫花香水月季

Rosa odorata var. *erubescens* (Focke) Yü et Ku —— 蔷薇科 / 蔷薇属

灌木。具长匍匐枝，枝粗壮，无毛，有散生而粗短钩状皮刺；小叶5～9，连叶柄长5～10 cm，小叶片椭圆形、卵形或长圆卵形，边缘有紧贴的锐锯齿，两面无毛，革质；花单生或2～3朵，重瓣，粉红色，直径3～6 cm。果实呈压扁球形。

※花期6—9月，果期9月。

◎教学6号楼后、家属45号楼西侧花园

橘黄香水月季

Rosa odorata var. *pseudindica* (Lindl.) Rehd. —— 蔷薇科 / 蔷薇属

灌木。具长匍匐枝，枝粗壮，无毛，有散生而粗短钩状皮刺；小叶5～9，连叶柄长5～10 cm，小叶片椭圆形、卵形或长圆卵形，边缘有紧贴的锐锯齿，两面无毛，革质；花单生或2～3朵，重瓣，黄色或橘黄色，花直径约8 cm。果实呈压扁球形。

※花期5—9月，果期9月。

◎家属45号楼西侧花园

紫花重瓣玫瑰 玫瑰、平阴玫瑰

Rosa rugosa f. *plena* (Regel) Byhouwer —— 蔷薇科 / 蔷薇属

直立灌木。茎粗壮，丛生，小枝密被绒毛，并有针刺和腺毛，有直立或弯曲且淡黄色的皮刺；花单生于叶腋，或数朵簇生；花瓣倒卵形，重瓣至半重瓣，芳香，紫红色至白色，花柱离生，被毛。果扁球形，砖红色，肉质，平滑，萼片宿存。

※ 花期5—6月，果期8—9月。

◎ 新校区图书馆前、新校区喷泉旁

黄刺玫 黄刺莓、黄刺梅

Rosa xanthina Lindl. —— 蔷薇科 / 蔷薇属

落叶灌木，高2～3 m。枝粗壮，密集；小枝有散生皮刺；奇数羽状复叶，小叶常7～13，近圆形，托叶带状披针形；花单生于叶腋，重瓣或半重瓣，花瓣黄色，宽倒卵形。果近球形或倒卵圆形，紫褐色或黑褐色。

※花期4—6月，果期7—8月。

◎ 音乐厅北侧草坪、新校区图书馆南侧草坪、逸夫馆南侧、体育馆北侧草坪、旧文科楼遗址

单瓣黄刺玫

Rosa xanthina var. *normalis* Rehd. et Wils. —— 蔷薇科 / 蔷薇属

直立灌木，高2～3 m。枝粗壮，密集；小枝具刺，奇数羽状复叶，小叶常7～13，近圆形，托叶带状披针形；花单生于叶腋，单瓣，黄色，无苞片；花瓣黄色，宽倒卵形，先端微凹，基部宽楔形。果近球形或倒卵圆形，紫褐色或黑褐色。

※花期4—6月，果期7—8月。

◎ 旧文科楼遗址、音乐厅北侧草坪

华北珍珠梅 珍珠梅、吉氏珍珠梅

Sorbaria kirilowii (Regel) Maxim. —— 蔷薇科 / 珍珠梅属

灌木，高达3 m。枝条开展；小枝圆柱形，幼时绿色，老时红褐色；冬芽卵形，先端急尖，无毛或近无毛，红褐色。羽状复叶，具小叶片13～21；小叶片对生，披针形至长圆披针形；顶生大型密集的圆锥花序，分枝斜出或稍直立；花瓣倒卵形或宽卵形，先端圆钝，白色。蓇葖果长圆柱形。

※花期7—8月，果期9月。

◎新校区研究生3号公寓西侧草坪、新校区图书馆前草坪、东操场南侧

金焰绣线菊

Spiraea bumalda 'Coldfiame' —— 蔷薇科 / 绣线菊属

落叶灌木，株高60 ~ 110 cm。老枝黑褐色，新枝黄褐色，冬芽小，芽鳞2 ~ 8。单叶互生，具锯齿、缺刻或分裂，羽状脉；花两性，伞房花序，枝叶较松散，呈球状，春季叶色黄红相间，夏季叶色绿，秋季叶色紫红，花玫瑰红，花序较大。蓇葖果5，内具多数细小种子，种子圆形。

※ 花期7—9月。

教学7号楼前花园

沙枣 银柳、桂香柳、刺柳

Elaeagnus angustifolia L. 胡颓子科 / 胡颓子属

落叶乔木或小乔木，高5 ~ 10 m。幼枝密被银白色鳞片，老枝鳞片脱落，红棕色；薄纸质，矩圆状披针形至线状披针形；花银白色，直立或近直立，密被银白色鳞片，芳香，常1 ~ 3朵花簇生新枝基部最初5 ~ 6片叶的叶腋。果实椭圆形，密被银白色鳞片。

※ 花期5—6月，果期9月。

◎ 体育馆北侧草坪、家属44号楼东侧花园、教学2号楼东侧

枣 贯枣、枣子树、红枣树

Ziziphus jujuba Mill. 鼠李科 / 枣属

落叶小乔木，高达10 m以上。树皮褐色；托叶刺纤细，后期常脱落。叶纸质，卵形，卵状椭圆形，或卵状矩圆形；花黄绿色，两性，无毛，单生或密集成腋生聚伞花序；花瓣倒卵圆形，基部有爪，与雄蕊等长。核果矩圆形，种子扁椭圆形。

※花期5—7月，果期8—9月。

◎东苑餐厅南侧

榆树 白榆、家榆

Ulmus pumila L. 榆科 / 榆属

落叶乔木，高达25 m，胸径1 m。树皮暗灰色，不规则深纵裂；小枝无毛，淡黄灰色；冬芽近球形，芽鳞面无毛。叶椭圆状卵形，边缘有锯齿，先端渐尖；花先叶开放，花小成簇。翅果近圆形。

※ 花果期3—6月。

◎ 西苑餐厅西侧、家属12号楼东侧、大学生活动中心后、教学7号楼后、新校区化工楼下

中华金叶榆 美人榆、金叶榆

Ulmus pumila 'Jinye' —— 榆科 / 榆属

落叶乔木。幼树树皮平滑，灰褐色或浅灰色；大树树皮暗灰色，不规则深纵裂；叶片金黄色，卵圆形，叶缘具锯齿，叶尖渐尖，互生于枝条上。花先叶开放，在上一年生枝的叶腋成簇生状。翅果近圆形，稀倒卵状圆形。

※花果期3—6月。

◎新校区特教楼前草坪

葎草 锯锯藤、拉拉藤、葛勒子秧

Humulus scandens (Lour.) Merr. —— 大麻科 / 葎草属

缠绕草本，茎、枝、叶柄均具倒钩刺。叶纸质，肾状五角形，掌状5～7深裂，稀为3裂，长宽7～10 cm，基部心形，表面粗糙，疏生糙伏毛，背面有柔毛和黄色腺体，裂片卵状三角形，边缘具锯齿；叶柄长5～10 cm。雄花小，黄绿色，圆锥花序，长15～25 cm；雌花序球果状，径约5 mm，苞片纸质，三角形，顶端渐尖，具白色绒毛；子房为苞片包围，柱头2，伸出苞片外。瘦果，成熟时露出苞片外。

※花期春夏季，果期秋季。

◎教学1号楼后、教学10号楼A区后草坪

桑 桑树、家桑、蚕桑

Morus alba L. —— 桑科 / 桑属

乔木或灌木状，高达15 m。树体富含乳浆，树皮黄褐色。叶卵形或宽卵形，锯齿粗钝；树皮厚，灰色，具不规则浅纵裂；雌雄异株，雄花序下垂，密被白色柔毛，雄花花被椭圆形，淡绿色；雌花序长1～2 cm，被毛。聚花果卵状椭圆形，成熟时红色至暗紫色。

※花期4—5月，果期5—7月。 ◎教学1号楼西南侧

蒺藜 白蒺藜、蒺藜狗

Tribulus terrestris Linnaeus —— 蒺藜科 / 蒺藜属

一年生草本。茎平卧，偶数羽状复叶。小叶对生，3～8对，矩圆形或斜短圆形；花黄色，萼片5，宿存，花瓣5。果由5个分果瓣组成，硬，长4～6 mm，无毛或被毛，中部边缘有锐刺2枚，下部常有小锐刺2枚，其余部位常有小瘤体。

※花期5—8月，果期6—9月。

◎北山生态实训基地

霸王

Zygophyllum xanthoxylon (Bunge) Maximowicz —— 蒺藜科 / 驼蹄瓣属

灌木，高50 ~ 100 cm。枝弯曲，开展，皮淡灰色，木质部黄色，先端具刺尖；叶在老枝上簇生，幼枝上对生，先端圆钝，基部渐狭，肉质；花生于老枝叶腋，萼片4，倒卵形，绿色，长4 ~ 7 mm。蒴果近球形，每室有1粒种子；种子肾形，长6 ~ 7 mm，宽约2.5 mm。

※ 花期4—5月，果期7—8月。

北山生态实训基地

蝎虎驼蹄瓣 草霸王、鸡大腿、念念

Zygophyllum mucronatum Maxim. —— 蒺藜科 / 驼蹄瓣属

多年生草本，高15 ~ 25 cm。根木质，茎多数，多分枝，平卧或开展，具沟棱和粗糙皮刺；托叶小，三角状，边缘膜质，细条裂。花1 ~ 2朵腋生；花瓣5，倒卵形，上部近白色，下部橘红色，基部渐窄成爪。蒴果披针形、圆柱形，稍具5棱，下垂，心皮5，每室有1 ~ 4粒种子；种子椭圆形，黄褐色，表面有密孔。

※ 花期6—8月，果期7—9月。

北山生态实训基地

欧洲油菜 油菜

Brassica napus L. —— 十字花科 / 芸薹属

一年生或二年生草本。茎直立，有分枝。幼叶被粉霜；下部茎生叶大头羽裂，叶柄基部有裂片；中部及上部茎生叶基部心形，抱茎。总状花序伞房状。萼片卵形；花瓣浅黄色，倒卵形。长角果线形；种子球形，黄棕色。

※花期3—4月，果期5月。

◎北山生态实训基地

荠 地米菜、芥、菱角菜

Capsella bursa-pastoris (L.) Medic. —— 十字花科 / 荠属

一年生或二年生草本。基生叶丛生呈莲座状，大头羽状分裂，顶裂片卵形至长圆形，侧裂片长圆形至卵形；茎生叶窄披针形或披针形，基部箭形，抱茎，边缘有缺刻或锯齿。总状花序顶生及腋生，花瓣白色，卵形，有短爪。短角果倒三角形或倒心状三角形，扁平，顶端微凹；种子2行，长椭圆形，浅褐色。

※花果期4—6月。

◎ 新校区毅然报告厅南侧草坪、新校区图书馆前草坪、新校区正门西侧草坪

碎米荠 宝岛碎米荠

Cardamine hirsuta L. —— 十字花科 / 碎米荠属

一年生小草本，高15 ~ 35 cm。茎直立或斜升，分枝或不分枝；基生叶具叶柄，有小叶2 ~ 5对；茎生叶具短柄，有小叶3 ~ 6对；总状花序生于枝顶，萼片绿色或淡紫色；花瓣白色，倒卵形。长角果线形，种子椭圆形。

※ 花期2—4月，果期4—6月。

◎ 新校区特教楼前草坪

播娘蒿 腺毛播娘蒿

Descurainia sophia (L.) Webb. ex Prantl —— 十字花科 / 播娘蒿属

一年生草本，高达80 cm。被分枝毛，茎下部毛多，向上毛渐少或无毛。叶3回羽状深裂，小裂片线形或长圆形；花瓣黄色，基部具爪。长角果圆筒状，无毛；种子间缢缩，开裂，果瓣中脉明显，种子小而多，长圆形。

※ 花果期4—6月。

◎ 北山生态实训基地

欧洲菘蓝 板蓝根、大青叶、菘蓝

Isatis tinctoria Linnaeus —— 十字花科 / 菘蓝属

二年生草本植物，高可达100 cm。茎上部分枝，多少被白粉和毛。基生叶莲座状，椭圆形或倒披针形，茎中部叶无柄，椭圆形或披针形；花瓣黄色，倒披针形。短角果椭圆状倒披针形、长圆状倒卵形或有时椭圆形；种子窄椭圆形，浅褐色。

※花期4—5月，果期5—6月。

◎北山生态实训基地

独行菜 辣辣菜、拉拉罐、辣辣根

Lepidium apetalum Willdenow —— 十字花科 / 独行菜属

一年生或二年生草本，高达30 cm。茎直立，有分枝。基生叶窄匙形，一回羽状浅裂或深裂；茎上部叶线形，有疏齿或全缘；总状花序在果期可延长至5 cm。短角果近圆形或宽椭圆形，扁平；种子椭圆形，平滑，棕红色。

※花果期5—7月。

◎新校区图书馆东侧草坪

萝卜 菜头、白萝卜、莱菔

Raphanus sativus L. —— 十字花科 / 萝卜属

二年生或一年生草本，高20 ~ 100 cm。直根肉质，长圆形、球形或圆锥形，外皮绿色、白色或红色；茎有分枝，稍具粉霜。基生叶和下部茎生叶大头羽状半裂。总状花序顶生及腋生；花白色或粉红色，花瓣倒卵形，具紫纹，下部有长5 mm的爪。长角果圆柱形；种子1 ~ 6粒，红棕色，有细网纹。

※ 花期4—5月，果期5—6月。

◎ 家属43号楼后

蔊菜 印度蔊菜

Rorippa indica (L.) Hiern —— 十字花科 / 蔊菜属

一二年生直立草本植物，高可达40 cm。茎表面具纵沟；叶互生，上部叶具短柄，基部耳状抱茎，叶形多变化，顶端裂片大，卵状披针形，边缘具不整齐齿；总状花序顶生或侧生，花小，多数；花瓣4，黄色，匙形。长角果线状圆柱形；种子每室2行，细小，卵圆形而扁。

※ 花期4—6月，果期6—8月。

◎ 北山生态实训基地

沼生蔊菜

Rorippa palustris (Linnaeus) Besser —— 十字花科 / 蔊菜属

一年生或二年生草本，高 20 ~ 50 cm。茎直立，单一成分枝，下部常带紫色，具棱；基生叶多数，具柄；茎生叶向上渐小，叶片羽状深裂或具齿，基部耳状抱茎。总状花序顶生或腋生，果期伸长，花小，多数黄色或淡黄色；花瓣长倒卵形至楔形，等于或稍短于萼片。短角果椭圆形或近圆柱形，有时稍弯曲；种子每室2行，多数，褐色。

※花期4—7月，果期6—8月。 新校区生科楼下草坪

蚓果芥 长角肉叶荠、无毛蚓果芥

Neotorularia humilis (C. A. Meyer) Hedge & J. Léonard —— 十字花科 / 念珠芥属

多年生草本，高5 ~ 30 cm。全株被2叉毛和3叉毛；茎基部分枝；基生叶倒卵形，茎下部叶宽匙形或窄长卵形，中上部茎生叶线形。花序最下部的花有苞片，稀所有的花均有苞片；花瓣长椭圆形、长卵形或倒卵形，白色。长角果筒状；种子每室1行，长圆形，橘红色。

※花果期5—9月。 北山生态实训基地

牻牛儿苗 太阳花

Erodium stephanianum Willd. —— 牻牛儿苗科 / 牻牛儿苗属

多年生草本，高通常15～50 cm。根为直根，较粗壮；茎多数仰卧或蔓生，具节，被柔毛。叶对生，托叶三角状披针形；伞形花序腋生，明显长于叶；花瓣紫红色，倒卵形，先端圆形或微凹。蒴果密被短糙毛；种子褐色，具斑点。

※花期6—8月，果期8—9月。 北山生态实训基地

野老鹳草

Geranium carolinianum L. —— 牻牛儿苗科 / 老鹳草属

一年生草本植物，高可达60 cm。根纤细，具棱角；基生叶早枯，茎生叶互生或最上部对生，托叶披针形或三角状披针形，外被短柔毛；叶片圆肾形，基部心形；花序腋生和顶生，花序呈伞形状；花瓣淡紫红色，倒卵形。蒴果被短糙毛，果瓣由喙上部先裂向下卷曲。

※花期4—7月，果期5—9月。 北山生态实训基地

鼠掌老鹳草 鼠掌草、西伯利亚老鹳草

Geranium sibiricum L. —— 牻牛儿苗科 / 老鹳草属

多年生草本。具直根；茎仰卧或近直立。叶对生，肾状五角形，基部宽心形，掌状5深裂，裂片倒卵形至长椭圆形，花序梗粗，腋生，多具1朵花；萼片卵状椭圆形或卵状披针形，花瓣倒卵形，白色或淡紫红色。蒴果疏被柔毛，果柄下垂。

※花期6—7月，果期8—9月。

◎新校区研究生公寓周围草坪、新校区生科楼下草坪

圆叶老鹳草

Geranium rotundifolium L. —— 牻牛儿苗科 / 老鹳草属

一年生草本，高约15 cm。茎单一，直立叶对生；托叶三角状卵形，叶肾圆形，掌状5裂至2/3或更深；花序梗腋生和顶生，等于或稍长于叶，被柔毛和开展腺毛，每梗具2朵花；花瓣紫红色，倒卵形，先端圆。蒴果被微柔毛。

※花期5—6月，果期6月。 ◎新校区毅然报告厅南侧草坪

天竺葵 洋绣球、入腊红、石腊红

Pelargonium hortorum Bailey —— 牻牛儿苗科 / 天竺葵属

多年生草本，高30～60 cm。茎直立，基部木质化，具浓裂鱼腥味；叶互生；托叶宽三角形或卵形，叶片圆形或肾形，茎部心形，伞形花序腋生，具多数花，总花梗长于叶，被短柔毛。蒴果长约3 cm，被柔毛。

※花期5—7月，果期6—9月。

◎新校区研究生公寓前草坪、行政1号楼南侧草坪

蜀葵 一丈红、大蜀季、戎葵

Alcea rosea Linnaeus —— 锦葵科 / 蜀葵属

二年生直立草本，高达2 m。茎枝密被刺毛。叶近圆心形，上面疏被星状柔毛，粗糙；花腋生、单生或近簇生，排列成总状花序，单瓣或重瓣，有紫、粉、红、白等色。蒴果；种子扁圆，肾形。

※花期6—8月。 ◎教学10号楼A区后、文科实验实训中心南侧草坪

圆叶锦葵 野锦葵、金爬齿、托盘果

Malva pusilla Smith —— 锦葵科 / 锦葵属

多年生草本，高25 ~ 50 cm。茎分枝多而匍匐生，略有粗毛。叶互生，肾形，常为5 ~ 7浅裂，裂片边缘有细圆齿，上面疏被星状柔毛，下面被长柔毛；花在上部3 ~ 5朵簇生，在基部单生；花冠白色或粉红色，花瓣5，倒心形。果实扁圆形，灰褐色，果片背面具网纹，网纹显著突起成脊状；种子近圆形。

※花期夏季。

◎新校区毅然报告厅东侧草坪、西操场南侧草坪

木槿 木棉、荆条、喇叭花

Hibiscus syriacus L. —— 锦葵科 / 木槿属

落叶灌木。小枝密被黄色星状绒毛；叶菱形或三角状卵形，基部楔形，具不整齐缺齿，基脉3；花单生枝端叶腋，花萼钟形，裂片5，三角形；花冠钟形，淡紫色，花瓣5，花柱分枝5。蒴果卵圆形，具短喙；种子肾形。

※ 花期7—10月。

◎ 新校区毅然报告厅东侧草坪、西门南侧草坪

结香 打结花、黄瑞香、梦花

Edgeworthia chrysantha Lindl. —— 瑞香科 / 结香属

落叶灌木，高达2 m。茎皮极强韧；小枝粗，常3叉分枝，棕红色或褐色。叶互生，纸质，椭圆状长圆形、披针形或倒披针形。先叶开花，头状花序顶生或侧生，下垂，有花30 ~ 50朵，结成绒球状；花黄色，芳香，花盘浅杯状，膜质。果卵形，绿色，顶端有毛。

※ 花期冬末春初，果期春夏。

◎ 教学10号楼A区后、教学10号楼B区东侧拐角

紫薇 千日红、无皮树、百日红

Lagerstroemia indica L. ——— 千屈菜科 / 紫薇属

落叶灌木或小乔木，高可达7 m。树皮平滑，灰色或灰褐色；枝干多扭曲，小枝纤细，具4棱，略成翅状。叶互生或有时对生，纸质，椭圆形、阔矩圆形或倒卵形。花淡红色或紫色、白色，花瓣6，皱缩，具长爪。蒴果椭圆状球形或阔椭圆形，幼时绿色至黄色，成熟时或干燥时呈紫黑色，室背开裂；种子有翅。

※花期6—9月，果期9—12月。

◎ 新校区图书馆后、教学10号楼A区后草坪

千屈菜 水柳、中型千屈菜、光千屈菜

Lythrum salicaria L. ——— 千屈菜科 / 千屈菜属

多年生草本。根茎横卧于地下，粗壮；茎直立，多分枝，全株青绿色，略被粗毛或密被绒毛，枝通常具4棱。叶对生或三叶轮生，披针形或阔披针形，顶端钝形或短尖，基部圆形或心形，有时略抱茎，全缘，无柄；花组成小聚伞花序，簇生，花梗及总梗极短，花枝全形似一大型穗状花序。蒴果扁圆形。

※花期6—9月，果期9—12月。

◎学校正门如意湖

火炬树 鹿角漆、火炬漆、加拿大盐肤木

Rhus typhina Nutt. —— 漆树科 / 盐麸木属

落叶小乔木，高4～8 m，树形不整齐。小枝粗壮，红褐色，密生绒毛。叶轴无翅，小叶19～23，长椭圆状披针形，长5～12 cm，先端长渐尖，有锐锯齿。雌雄异株，圆锥花序长10～20 cm，直立，密生绒毛；花白色。核果深红色，密被毛，密集成火炬形。

※花期6—7月，果期8—9月。 ◎教学1号楼后

梣叶槭 复叶槭、糖槭、白蜡槭

Acer negundo L. —— 无患子科 / 槭属

落叶乔木，高达20 m。小枝光滑，有白粉。奇数羽状复叶；小叶3～7，卵形至椭圆状披针形，常具3～5个粗锯齿，顶生小叶3浅裂。雌雄异株，雄花序聚伞状，雌花序总状，均由无叶的小枝旁生出，常下垂；花小，黄绿色，无花瓣及花盘，雄蕊4～6，子房无毛。果翅狭长，两翅成锐角或近于直角。

※ 花期4—5月，果期8—9月。

◎ 新校区研究生公寓西侧

五角枫 五角槭、地锦槭、水色树

Acer pictum subsp. *mono* (Maximowicz) H. Ohashi —— 无患子科 / 槭属

落叶乔木，高达15 m。树皮粗糙，常纵裂，灰色；小枝细瘦，无毛，具圆形皮孔；冬芽近球形，鳞片卵形。叶纸质，基部截形或近心形，叶片近椭圆形；花多数，杂性，雄花与两性花同株，多数常成无毛的顶生圆锥状伞房花序；花瓣5，淡白色，椭圆形或椭圆倒卵形。翅果嫩时紫绿色，成熟时淡黄色。

※花期5月，果期9月。

新校区特教楼后

元宝槭 五角枫、平基槭

Acer truncatum Bunge —— 无患子科 / 槭属

落叶乔木，高达10 m。单叶，5（7）深裂，裂片三角状卵形，基部平截，稀微心形，全缘，幼叶下面脉腋具簇生毛，基脉5，掌状。伞房花序顶生；雄花与两性花同株；花瓣5，黄色或白色，矩圆状倒卵形。小坚果果核扁平，脉纹明显，基部平截或稍圆，翅矩圆形，常与果核近等长，两翅成钝角。

※花期5月，果期9月。

教学9号楼北侧草坪、新校区图书馆南侧草坪、艺术广场西北侧、教学楼10号楼A区后

七叶树 桫椤树、桫椤子、天师栗、开心果

Aesculus chinensis Bunge —— 无患子科 / 七叶树属

叶乔木，高达25 m。小枝无毛或嫩时有微柔毛，有淡黄色的皮孔，冬芽有树脂；掌状复叶，具5 ~ 7小叶，上面深绿色，小叶纸质，长披针形或长倒披针形；花序近圆柱形。果球形或倒卵形，黄褐色，密被斑点；种子1 ~ 2粒，近球形，栗褐色。

※ 花期4—5月，果期9—10月。

◎ 新校区图书馆东侧、新校区食堂东侧草坪、新校区超市北侧草坪、新校区毅然报告厅北侧

复羽叶栾树

Koelreuteria bipinnata Franch. —— 无患子科 / 栾属

乔木，高可达20 m以上。叶平展，二回羽状复叶；叶轴和叶柄向轴面常有一纵行皱曲的短柔毛；小叶9～17枚，互生，很少对生，纸质或近革质，斜卵形。圆锥花序大型，分枝广展，与花梗同被短柔毛；花瓣4，长圆状披针形。蒴果椭圆形或近球形，具3棱，淡紫红色，老熟时褐色，顶端钝或圆；有小凸尖，果瓣椭圆形至近圆形，外面具网状脉纹，内面有光泽；种子近球形。

※花期7—9月，果期8—10月。

◎ 教学10号楼A区东侧草坪、专家楼东侧围墙外面

文冠果 文官果、土木瓜、木瓜

Xanthoceras sorbifolium Bunge —— 无患子科 / 文冠果属

落叶灌木或小乔木；小枝粗壮，褐红色。小叶4～8对，披针形或近卵形，顶生小叶通常3深裂。花序先叶抽出或与叶同时抽出，两性花的花序顶生，雄花序腋生，直立；花瓣白色，基部紫红色或黄色；子房被灰色绒毛。蒴果，种子黑色。

※花期春季，果期秋初。 ◎新校区生科院楼下草坪

花椒 蜀椒、秦椒、大椒

Zanthoxylum bungeanum Maxim. —— 芸香科 / 花椒属

落叶小乔木或灌木状，高达7 m。茎干被粗壮皮刺；奇数羽状复叶，叶轴具窄翅，小叶5～13，对生，纸质，卵形、椭圆形，稀披针形或圆形；聚伞状圆锥花序顶生，花序轴及花梗密被柔毛或无毛。花被片6～8，1轮，黄绿色；雄花具5～8雄蕊；雌花具（2）3（4）心皮。果紫红色，散生凸起油腺点，顶端具甚短芒尖或无。

※花期4—5月，果期8—9月。

◎家属9号楼东侧、家属21号楼东侧

臭椿 臭椿皮、椿树

Ailanthus altissima (Mill.) Swingle —— 苦木科 / 臭椿属

落叶乔木，高达20 m以上。嫩枝被黄色或黄褐色柔毛，后脱落。奇数羽状复叶，小叶13～27，对生或近对生，纸质，卵状披针形，先端长渐尖，基部平截或稍圆，全缘，具1～3对粗齿，齿背有腺体，下面灰绿色；圆锥花序长达30 cm。翅果长椭圆形，长3～4.5 cm。

※ 花期4—5月，果期8—10月。

◎ 新校区图书馆东北角、艺术广场

柽柳 西河柳、三春柳、红柳

Tamarix chinensis Lour. —— 柽柳科 / 柽柳属

小乔木或灌木，高达8 m。幼枝稠密纤细，常开展而下垂，红紫色或暗紫红色，有光泽。叶鲜绿色，钻形或卵状披针形，背面有龙骨状突起，先端内弯。每年开花2 ~ 3次；春季总状花序侧生于上年生小枝，下垂；夏秋季总状花序生于当年生枝顶端，组成顶生长圆形或窄三角形。蒴果圆锥形。

※ 花期4—9月。

◎ 文科实验实训中心前、音乐厅北侧草坪

萹蓄 扁竹、竹叶草、大蚂蚁草

Polygonum aviculare L. —— 蓼科 / 萹蓄属

一年生草本，高达40 cm。茎平卧，自基部多分枝，具纵棱。叶椭圆形，顶端钝圆或急尖，两面无毛，下面侧脉明显，托叶鞘膜质；花单生或数朵簇生于叶腋。瘦果卵形，具3棱，黑褐色，密被由小点组成的细条纹，无光泽，与宿存花被近等长或稍长。

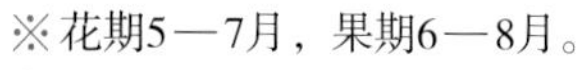

※花期5—7月，果期6—8月。

◎教学1号楼后草坪

红蓼 狗尾巴花、东方蓼、荭草

Polygonum orientale L. —— 蓼科 / 萹蓄属

多年生草本，高达2 m。根肥厚；茎直立，粗壮，上部多分枝。叶宽卵形或宽椭圆形；穗状花序长3～7 cm，微下垂，多数花序组成圆锥状；花被5深裂，淡红色或白色，花被片椭圆形。瘦果近球形，扁平，双凹，包于宿存花被内。

※花期5—6月，果期6—7月。

◎新校区图书馆西南侧花园

巴天酸模 羊蹄

Rumex patientia L. —— 蓼科 / 酸模属

多年生草本。根肥厚；茎直立，粗壮，上部分枝，具深沟槽。基生叶长圆形或长圆状披针形，顶端急尖，基部圆形或近心形，边缘波状；叶柄粗壮；茎上部叶披针形，较小；托叶鞘筒状，膜质。花序圆锥状，大型；花两性。瘦果卵形，具3锐棱，顶端渐尖，褐色，有光泽。

※花期5—6月，果期6—7月。

◎ 新校区地环楼西侧草坪、新校区图书馆东侧草坪

木藤蓼 康藏何首乌、山荞麦、奥氏蓼

Fallopia aubertii (L. Henry) Holub —— 蓼科 / 何首乌属

半灌木。茎缠绕，长1～4 m，灰褐色。叶簇生稀互生，叶片长卵形或卵形，近革质；托叶鞘膜质，偏斜，褐色，易破裂。花序圆锥状，少分枝，稀疏，腋生或顶生；花被5深裂，淡绿色或白色，花被片外面3枚较大，背部具翅，果时增大，基部下延。瘦果卵形，具3棱，黑褐色，密被小颗粒，包于宿存花被内。

※ 花期7—8月，果期8—9月。 ◎ 家属4号楼西侧

石竹 丝叶石竹、长萼石竹、北石竹

Dianthus chinensis L. —— 石竹科 / 石竹属

多年生草本，全株无毛，带粉绿色。茎由根颈生出，疏丛生，直立；叶片线状披针形，顶端渐尖，基部稍狭，全缘或有细小齿，中脉较显。花单生枝端或多数集成聚伞花序；花瓣紫红色、粉红色、鲜红色或白色，瓣片倒卵状三角形，顶缘不整齐齿裂，喉部有斑纹，疏生髯毛。蒴果圆筒形；种子黑色，扁圆形。

※ 花期5—6月，果期7—9月。

◎ 文科实验实训中心周围草坪

女娄菜 王不留行、桃色女娄菜、台湾蝇子草

Silene aprica Turcx. ex Fisch. et Mey. —— 石竹科 / 蝇子草属

一年生或二年生草本，全株密被灰色短柔毛。主根较粗，木质；茎直立，基生叶倒披针形或狭匙形，中脉明显，茎生叶比基生叶稍小；圆锥花序较大，苞片披针形，具缘毛；花萼卵状钟形，花瓣白色或淡红色，倒披针形。蒴果卵形；种子圆肾形，灰褐色，肥厚，具小瘤。

※花期5—7月，果期6—8月。 新校区研究生4号公寓西侧草坪

繁缕 鹅肠菜、鹅耳伸筋、鸡儿肠

Stellaria media (L.) Villars —— 石竹科 / 繁缕属

一二年生草本，高达30 cm。茎多分枝，带淡紫红色；叶卵形，先端尖，基部渐窄，全缘；聚伞花序顶生，或单花腋生，花瓣5，短于萼片。蒴果卵圆形，稍长于宿萼，顶端6裂；种子多数，红褐色。

※花期6—7月，果期7—8月。

新校区地环楼东侧草坪

麦蓝菜 王不留行、麦蓝子

Vaccaria hispanica (Miller) Rauschert —— 石竹科 / 麦蓝菜属

一年生或二年生草本，高30 ~ 70 cm。全株无毛，微被白粉，呈灰绿色；根为主根系；茎单生，直立，上部分枝；叶片卵状披针形或披针形；伞房花序稀疏。蒴果宽卵形或近圆球形；种子近圆球形，红褐色至黑色。

※花期4—7月，果期5—8月。 北山生态实训基地

牛膝 牛磕膝、倒扣草、怀牛膝

Achyranthes bidentata Blume —— 苋科 / 牛膝属

多年生草本，高70 ~ 120 cm。根圆柱形，土黄色；茎有棱角或四方形，绿色或带紫色，有白色贴生或开展柔毛，或近无毛，分枝对生。叶片椭圆形或椭圆披针形，少数倒披针形；穗状花序顶生及腋生，长花期后反折；花被片披针形，光亮，顶端急尖，有一中脉。胞果矩圆形，黄褐色，光滑；种子矩圆形，黄褐色。

※花期7—9月，果期9—10月。 教学1号楼后

杂配藜 血见愁、大叶藜

Chenopodium hybridum L. —— 苋科 / 藜属

一年生草本，稍被细粉粒。茎直立，粗壮，具淡黄色或紫色条棱。叶片宽卵形至卵状三角形，两面均呈亮绿色，无粉或稍有粉，上部叶较小，叶片多呈三角状戟形，边缘具较少数的裂片状锯齿。花两性兼有雌性，圆锥状花序。胞果；种子横生，黑色，无光泽，表面凹凸不平。

※花果期7—9月。

◎ 网球场北侧草坪、文科实验实训中心南侧草坪

灰绿藜

Chenopodium glaucum L. —— 苋科 / 藜属

一年生草本，高20 ~ 40 cm。茎具条棱及绿色或紫红色色条；叶片矩圆状卵形至披针形，边缘具缺刻状齿；花两性兼有雌性，花簇短穗状，腋生或顶生。胞果顶端露出于花被外，果皮膜质，黄白色；种子扁球形，横生、斜生及直立，暗褐色或红褐色。

※花果期5—10月。

◎ 教学1号楼后草坪

白茎盐生草 灰蓬

Halogeton arachnoideus Moq. —— 苋科 / 盐生草属

一年生草本，高10 ~ 40 cm。茎直立，自基部分枝。叶片圆柱形，顶端钝，有时有小短尖；花通常2 ~ 3朵，簇生叶腋；花被片宽披针形，膜质，背面有一条粗壮的脉，结果时自背面的近顶部生翅；翅5，半圆形，大小近相等，膜质透明，有多数明显的脉；雄蕊5。果为胞果，果皮膜质；种子横生，圆形。

※花果期7—8月。

◎北山生态实训基地

地肤 扫帚菜、观音菜、孔雀松

Bassia scoparia (L.) A. J. Scott —— 苋科 / 沙冰藜属

一年生草本，被具节长柔毛。茎直立，高达1 m，基部分枝。叶扁平，线状披针形或披针形，常具3主脉。花两性兼有雌性，常1 ~ 3朵簇生上部叶腋；花被近球形，5深裂，裂片近角形，翅状附属物角形或倒卵形。胞果扁，果皮膜质；种子卵形或近圆形，稍有光泽。

※花期6—9月，果期7—10月。

◎新校区生科楼下草坪、新校区研究生5号公寓南侧草坪

反枝苋 苋菜、西风谷

Amaranthus retroflexus L. —— 苋科 / 苋属

一年生草本植物，高可达1 m。茎密被柔毛；叶片菱状椭圆状卵形，顶端锐尖或尖凹，两面及边缘有柔毛，穗状圆锥花序径2～4 cm，顶生花穗较侧生者长；花被片长圆形或长圆状倒卵形，薄膜质，中脉淡绿色，具凸尖。胞果扁卵形，薄膜质，淡绿色；种子近球形。
※花期7—8月，果期8—9月。
◎北山生态实训基地

薄翅猪毛菜

Salsola pellucida Litv. —— 苋科 / 碱猪毛菜属

一年生草本，高20～60 cm。茎直立，绿色，多分枝；茎、枝粗壮，有白色条纹，密生短硬毛。叶片半圆柱形，顶端有刺状尖。花序穗状；花被片平滑或粗糙，结果时变硬，自背面的中下部生翅；翅薄膜质，无色透明，3枚为半圆形，有多数粗壮而明显的脉，2枚较狭窄；花被片在翅以上部分，顶端有稍坚硬的刺状尖或为膜质的细长尖，聚集成细长的圆锥体。种子横生。
※花期7—8月，果期8—9月。
◎北山生态实训基地

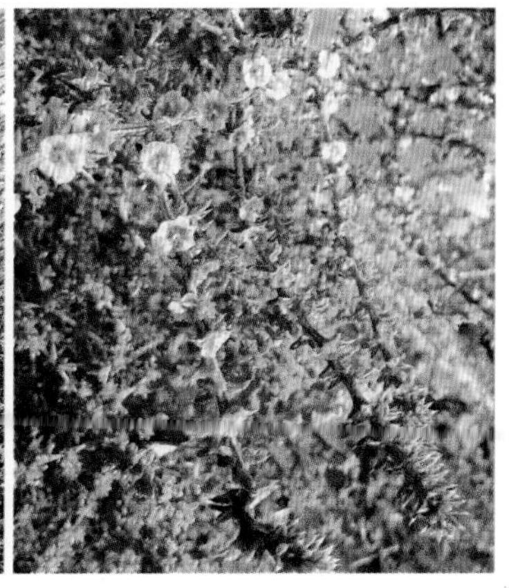

垂序商陆 美商陆、美洲商陆、美国商陆

Phytolacca americana L. 商陆科 / 商陆属

多年生草本，高1 ~ 2 m。根粗壮、肥大，倒圆锥形。茎直立，圆柱形。叶片椭圆状卵形或卵状披针形，基部楔形；总状花序顶生或侧生；花白色，微带红晕；花被片5，雄蕊、心皮及花柱通常均为10，心皮合生。果序下垂；浆果扁球形，熟时紫黑色；种子肾圆形。

※ 花期6—8月，果期8—10月。

◎ 教学10号楼A区后

紫茉莉 晚饭花、晚晚花、野丁香

Mirabilis jalapa L. —— 紫茉莉科 / 紫茉莉属

一年生草本，高可达1 m。根肥粗，倒圆锥形，黑色或黑褐色。茎直立，圆柱形，多分枝，无毛或疏生细柔毛，节稍膨大。叶片卵形或卵状三角形；花常多数簇生枝端；花被紫红色、黄色、白色或杂色，高脚碟状，5浅裂；花午后开放，有香气，次日午前凋萎。瘦果球形，革质，黑色，表面具皱纹；种子胚乳白粉质。

※ 花期6—10月，果期8—11月。

◎ 教学7号楼前花坛

红瑞木 凉子木、红瑞山茱萸

Cornus alba Linnaeus —— 山茱萸科 / 山茱萸属

落叶灌木，高达3 m。树皮紫红色；幼枝初被短柔毛，后被蜡粉，老枝具圆形皮孔及环形叶痕；冬芽被毛；叶纸质，对生，椭圆或卵圆形；顶生伞房状聚伞花序，长约2 cm，被短柔毛；花白色或淡黄色，花瓣长圆形，先端急尖，微内折，背面疏被伏生短柔毛。核果扁圆球形，外侧微具4棱，顶端宿存花柱及柱头。

※花期5—7月，果期8—10月。

◎ 新校区生科楼下草坪、新校区图书馆南侧草坪、新校区研究生公寓南侧草坪、教学10号楼A区后

过路黄 金钱草、真金草、走游草

Lysimachia christiniae Hance —— 报春花科 / 珍珠菜属

茎柔弱，平卧延伸，长20 ~ 60 cm，无毛、被疏毛或被铁锈色多细胞柔毛，常发出不定根；叶对生，卵圆形、近圆形至肾圆形，透光可见密布的透明腺条；花单生叶腋，毛被如茎，多少具褐色无柄腺体；花冠黄色，裂片狭卵形至近披针形，具黑色长腺条。蒴果球形，有稀疏黑色腺条。

※ 花期5—7月，果期7—10月。

◎ 新校区特教楼前竹林

腺药珍珠菜 喉咙草、铜钱草

Lysimachia stenosepala Hemsl. —— 报春花科 / 珍珠菜属

多年生草本，高30 ~ 65 cm。茎直立，下部近圆柱形，上部明显四棱形，通常有分枝。叶对生，在茎上部常互生，叶披针形或长圆状披针形，两面近边缘有黑色腺点和腺条；总状花序顶生；花冠白色，裂片倒卵状长圆形或匙形，先端钝圆，雄蕊与花冠近等长，药隔顶端有红色腺体，纵裂。蒴果。

※ 花期5—6月，果期7—9月。

◎ 新校区特教楼前竹林

点地梅 喉咙草、佛顶珠、白花草

Androsace umbellata (Lour.) Merr. —— 报春花科 / 点地梅属

一年生或二年生草本。叶全部基生，叶片近圆形或卵圆形，先端钝圆，基部浅心形至近圆形，边缘具三角状钝齿，两面均被贴伏的短柔毛；叶柄长1 ~ 4 cm，被开展的柔毛。花葶通常多数，自叶丛中抽出，高4 ~ 15 cm，被白色短柔毛。伞形花序4 ~ 15朵花；花冠白色，筒部长约2 mm，短于花萼，喉部黄色，裂片倒卵状长圆形。蒴果近球形，直径2.5 ~ 3 mm，果皮白色，近膜质。

※花期2—4月，果期5—6月。

北山生态实训基地

鹅绒藤

Cynanchum chinense R. Br. —— 夹竹桃科 / 鹅绒藤属

缠绕草本。主根圆柱状，全株被短柔毛。叶对生，宽三角状心形，叶面深绿色，叶背苍白色，两面均被短柔毛，伞形聚伞花序腋生，着花约20朵；花冠白色。蓇葖果双生或仅有1个发育，细圆柱状；种子长圆形；种毛白色绢质。

※花期6—8月，果期8—10月。

网球场东侧

劲直鹤虱

Lappula stricta (Ledeb.) Gurke —— 紫草科 / 鹤虱属

一年生草本。茎直立，中部以上多分枝，密被白色短糙毛；茎生叶长圆形或线形，沿中肋纵向对折，两面有具基盘的开展硬毛，但上面毛较稀疏呈绿色。花序生于小枝顶端，在果期稍伸长；花冠蓝紫色，钟状。小坚果4，长圆状卵形，背面狭披针形，具颗粒状突起，沿中线有龙骨状突起，边缘具1行锚状刺。

※花果期6—9月。

◎新校区研究生5号公寓南侧草坪

附地菜 地胡椒、黄瓜香

Trigonotis peduncularis (Trev.) Benth. ex Baker et Moore —— 紫草科 / 附地菜属

一年生或二年生草本，高达30 cm。茎常多条，直立或斜升，密被短糙伏毛；基生叶呈莲座状，叶片匙形，茎上部叶长圆形或椭圆形。花序生茎顶，幼时卷曲，后渐次伸长；花冠淡蓝色或粉色，筒部甚短，裂片平展，倒卵形，先端圆钝，喉部附属5，白色或带黄色。小坚果4，斜三棱锥状四面体形。

※花果期4—7月。

◎北山生态实训基地

打碗花 燕覆子、兔耳草、富苗秧

Calystegia hederacea Wall. —— 旋花科 / 打碗花属

一年生草本，高达30（40）cm，全株无毛。茎平卧，具细棱；茎基部叶长圆形，茎上部叶三角状戟形；花单生叶腋，1朵；花冠淡紫色或淡红色，钟状冠檐近截形或微裂。蒴果卵圆形，宿存萼片与之近等长或稍短；种子黑褐色，被小疣。

※ 花期4—10月，果期6—11月。

◎ 新校区图书馆南侧草坪

田旋花 中国旋花、三齿草藤、小旋花

Convolvulus arvensis L. —— 旋花科 / 旋花属

多年生草本，根状茎横走，茎平卧或缠绕，有条纹及棱角。叶卵状长圆形至披针形先端钝或具小短尖头，基部大多戟形；花序腋生；花冠宽漏斗形，白色或粉红色，或白色具粉红或红色的瓣中带，或粉红色具红色或白色的瓣中带，5浅裂。蒴果卵状球形，或圆锥形；种子4粒，卵圆形，暗褐色或黑色。

※ 花期5—8月，果期7—9月。

◎ 新校区化工楼周围草坪、新校区图书馆西侧草坪

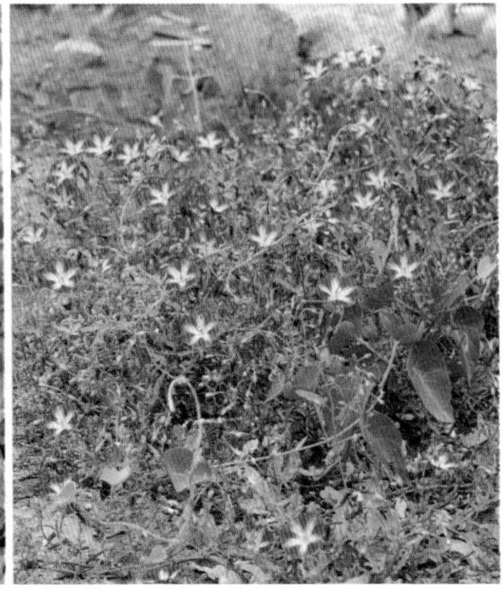

圆叶牵牛 牵牛花、紫花牵牛、打碗花

Ipomoea purpurea Lam. —— 旋花科 / 虎掌藤属

一年生缠绕草本，茎上被倒向的短柔毛，杂有倒向或开展的长硬毛。叶片圆心形或宽卵状心形，顶端锐尖，两面疏或密被刚伏毛；花腋生，单一或2 ~ 5朵着生于花序梗顶端成伞形聚伞花序；花冠漏斗状，紫红色、红色或白色，花冠管通常白色。蒴果近球形，3瓣裂；种子卵状三棱形，被极短的糠秕状毛。

※ 花期5—10月，果期8—11月。

◎ 北山生态实训基地

辣椒 柿子椒、彩椒、灯笼椒

Capsicum annuum L. —— 茄科 / 辣椒属

一年生或有限多年生植物；高40 ~ 80 cm。茎近无毛或微生柔毛，分枝稍之字形折曲。叶互生，枝顶端节不伸长而成双生或簇生状，矩圆状卵形、卵形或卵状披针形。花单生，俯垂；花冠白色，裂片卵形；花药灰紫色。果梗较粗壮，俯垂；果实长指状，顶端渐尖且常弯曲；种子扁肾形。

※ 花果期5—11月。

◎ 家属1号楼后

曼陀罗 洋金花、万桃花、狗核桃

Datura stramonium L. —— 茄科 / 曼陀罗属

草本或半灌木状，高0.5 ~ 1.5 m，全体近于平滑或在幼嫩部分被短柔毛。茎粗壮，圆柱状，淡绿色或带紫色，下部木质化；叶广卵形，顶端渐尖，基部不对称楔形，边缘有不规则波状浅裂，裂片顶端急尖；花单生于枝杈间或叶腋，直立，有短梗；花冠漏斗状，下部绿色，上部白色或淡紫色。蒴果直立生，卵状。

※花期6—10月，果期7—11月。 ◎新校区研究生5号公寓南侧草坪

枸杞 狗牙根、狗牙子、牛右力

Lycium chinense Miller —— 茄科 / 枸杞属

多分枝灌木，高达1（2）m。枝条细弱，淡灰色，具纵纹，小枝顶端成棘刺状，短枝顶端棘刺长达2 cm；叶卵形、卵状菱形、长椭圆形或卵状披针形，花在长枝1 ~ 2腋生，花冠漏斗状，淡紫色。浆果卵圆形，红色；种子扁肾形，黄色。

※花期7—10月，果期10—11月。 ◎新校区图书馆西侧草坪和东侧草坪、西操场北侧

番茄 番柿、西红柿、蕃柿

Lycopersicon esculentum Miller —— 茄科 / 番茄属

体高0.6 ~ 2 m，全体生黏质腺毛，有强烈气味。茎易倒伏。叶羽状复叶或羽状深裂，小叶极不规则，大小不等，常5 ~ 9枚，卵形或矩圆形，长5 ~ 7 cm，边缘有不规则锯齿或裂片。花冠辐状，直径约2 cm，黄色。浆果扁球状或近球状，肉质而多汁液，橘黄色或鲜红色，光滑；种子黄色。

※花果期夏秋季。

◎家属1号楼后

碧冬茄 毽子花、灵芝牡丹、撞羽朝颜

Petunia × *hybrida* Vilm. —— 茄科 / 矮牵牛属

一年生草本，高达60 cm，植株被腺毛。叶卵形，基部阔楔形或楔形；花单生叶腋，花梗长3 ~ 5 cm。花冠白色或紫堇色，具条纹，漏斗状。蒴果圆锥状，长约1 cm，2瓣裂，各裂瓣顶端又2浅裂；种子近球形，褐色。

※花期7—10月，果期10—11月。

◎体育馆前草坪

龙葵 黑天天、天茄菜、飞天龙

Solanum nigrum L. 茄科 / 茄属

一年生草本植物，全草高30 ~ 120 cm。茎直立，多分枝；叶卵形，先端短尖，基部楔形至阔楔形而下延至叶柄；蝎尾状花序腋外生，由3 ~ 6（10）朵花组成；花冠白色，筒部隐于萼内。浆果球形，熟时黑色；种子多数，近卵形，两侧压扁。

※花期6—8月，果期7—9月。 ◎北山生态实训基地

青杞 野狗杞、野茄子、狗杞子

Solanum septemlobum Bunge 茄科 / 茄属

直立草本或灌木状，茎具棱角，被白色具节弯卷的短柔毛至近无毛。叶互生，卵形，通常7裂，裂片卵状长圆形至披针形，全缘或具尖齿；二歧聚伞花序，顶生或腋外生；花冠青紫色，花药黄色，长圆形，花柱丝状。浆果近球状，熟时红色；种子扁圆形。

※花期夏秋季，果熟期秋末冬初。 ◎教学6号楼东侧草坪

连翘 黄花杆、黄寿丹

Forsythia suspensa (Thunb.) Vahl —— 木犀科 / 连翘属

落叶灌木。枝开展或下垂，棕色、棕褐色或淡黄褐色；叶通常为单叶，或3裂至三出复叶，叶片卵形；花通常单生或2至多数着生于叶腋，先于叶开放；花冠黄色，裂片倒卵状长圆形或长圆形。果卵球形，先端喙状渐尖，表面疏生皮孔。

※花期3—4月，果期7—9月。

◎ 新校区研究生公寓周围草坪、新校区特教楼前草坪、中心广场东西两侧、东篮球场南侧主干道旁、传媒学院西侧、教学1号楼西侧草坪

迎春花 重瓣迎春

Jasminum nudiflorum Lindl. —— 木犀科 / 素馨属

落叶灌木，直立或匍匐，枝条下垂。小枝无毛，棱上多少具窄翼；叶对生，三出复叶，小枝基部常具单叶；小叶片卵形或椭圆形；花单生于上年生小枝叶腋，稀生于小枝顶端；花冠黄色，径2 ~ 2.5 cm，花冠管长0.8 ~ 2 cm。果椭圆形，长0.8 ~ 2 cm。

※花期2—4月，果期5—9月。

◎ 西操场南侧主干道旁

金叶女贞 金森女贞

Ligustrum × *vicaryi* Hort. —— 木犀科 / 女贞属

落叶灌木，株高2 m。嫩枝带有短毛；叶革薄质，单叶对生，椭圆形，全缘。新叶金黄色，老叶黄绿色至绿色；总状花序，花为两性，呈筒状白色小花。核果椭圆形，内含1粒种子，黑紫色。

※ 花期5—6月，果期10月。

◎ 专家楼前、新校区特教楼前、新校区研究生公寓后草坪

紫丁香 白丁香、毛紫丁香

Syringa oblata Lindl. —— 木犀科 / 丁香属

灌木或小乔木，高可达5 m。树皮灰褐色；小枝、花序轴、花梗、苞片、花萼、幼叶两面以及叶柄均无毛而密被腺毛。叶革质或厚纸质，卵圆形；圆锥花序直立，由侧芽抽生；花冠紫色，花冠筒圆柱形。果卵圆形或长椭圆形，顶端长渐尖，近无皮孔。

※ 花期4—5月，果期6—10月。

◎ 排球场东侧、新校区研究生公寓草坪、体育馆前草坪、教学1号楼西侧、实验幼儿园前、物电大楼前、桃李园

白丁香

Syringa oblata Lindl. var. *alba* Hort. ex Rehd. —————————— 木犀科 / 丁香属

落叶灌木，高4～5 m。树皮灰褐色；叶片纸质，单叶互生，叶卵圆形或肾形，被微柔毛，先端锐尖；花冠白色，有单瓣、重瓣之别，花端四裂，筒状，呈圆锥花序。

※花期4—5月，果期6—10月。

◎新校区毅然报告厅南侧草坪、新校区研究生公寓周围草坪

毛丁香

Syringa tomentella Bureau et Franchet —— 木犀科 / 丁香属

灌木，高1.5 ~ 7 m。枝直立或弓曲，棕褐色，具皮孔，小枝黄绿色或棕色，疏被或密被短柔毛，具皮孔。叶片卵状披针形、卵状椭圆形至椭圆状披针形，稀宽卵形或倒卵形；花冠淡紫红色、粉红色或白色，稍呈漏斗状。果长圆状椭圆形，先端渐尖或锐尖，皮孔不明显或明显。

※花期5月，果期7—9月。

◎东篮球场南侧

暴马丁香 暴马子、荷花丁香、白丁香

Syringa reticulata subsp. *amurensis* (Ruprecht) P. S. Green & M. C. Chang —— 木犀科 / 丁香属

落叶小乔木或大乔木，高4 ~ 10 m。树皮紫灰褐色，具细裂纹。枝灰褐色，无毛，当年生枝绿色或略带紫晕。叶片厚纸质，宽卵形、卵形至椭圆状卵形，或为长圆状披针形；圆锥花序一至多对着生于同一枝条上的侧芽抽生；花冠白色，呈辐状，花药黄色。果长椭圆形。

※ 花期6—7月，果期8—10月。 ◎ 家属45号楼前、文科实验实训中心南侧

小叶巧玲花 小叶丁香、四季丁香

Syringa pubescens subsp. *microphylla* (Diels) M. C. Chang & X. L. Chen —— 木犀科 / 丁香属

灌木，高1 ~ 4 m。树皮灰褐色；小枝带四棱形，疏生皮孔；叶片卵形、椭圆状卵形、菱状卵形或卵圆形，圆锥花序直立，通常由侧芽抽生，稀顶生；花冠紫色，盛开时呈淡紫色，后渐近白色；花冠管细弱，花药紫色。果通常为长椭圆形。

※ 花期5—6月，果期7—9月。

◎ 北山生态实训基地

华丁香

Syringa protolaciniata P. S. Green et M. C. Chang —— 木犀科 / 丁香属

小灌木，高0.5 ~ 3 m。枝直立或稍拱曲，棕褐色，疏生皮孔。叶全缘或分裂，深裂至全裂，叶片和裂片呈披针形、长圆状椭圆形、宽椭圆形至卵形，下面具明显黑色腺点。花冠淡紫色或紫色，花冠管近圆柱形，裂片卵形、宽椭圆形至披针状椭圆形，先端尖或钝。果长圆形至长卵形，带四棱形。

※花期4—6月，果期6—8月。　　新校区研究生2号公寓西侧草坪

欧丁香

Syringa vulgaris L. —— 木犀科 / 丁香属

灌木或小乔木，高3 ~ 7 m；树皮灰褐色。小枝棕褐色，略带四棱形，疏生皮孔。叶片卵形、宽卵形或长卵形；圆锥花序近直立，由侧芽抽生，花序轴疏生皮孔，花芳香；花冠紫色或淡紫色。果倒卵状椭圆形、卵形至长椭圆形，光滑。

※ 花期4—5月，果期6—7月。 新校区研究生2号公寓西侧草坪

红丁香 香多罗、沙树

Syringa villosa Vahl —— 木犀科 / 丁香属

灌木，高达4 m。枝直立，粗壮，灰褐色，具皮孔，小枝淡灰棕色。叶片椭圆状卵形、宽椭圆形至倒卵状长椭圆形，上面深绿色，下面粉绿色，圆锥花序直立，花芳香；花冠淡紫红色、粉红色至白色，花冠管细弱，近圆柱形，花药黄色。果长圆形。

※ 花期5—6月，果期9月。 新校区特教楼前草坪

美国红梣 洋白蜡、青梣

Fraxinus pennsylvanica Marsh. —— 木犀科 / 梣属

落叶乔木，高10～20 m。树皮灰色，粗糙，皱裂；顶芽圆锥形，被褐色糠秕状毛；小枝红棕色，圆柱形；小叶7～9枚，薄革质，长圆状披针形、狭卵形或椭圆形。圆锥花序生于上年生枝上，花密集，雄花与两性花异株，与叶同时开放。翅果狭倒披针形，翅下延近坚果中部；坚果圆柱形。

※ 花期4月，果期8—10月。

◎ 西操场西北角外侧、东操场东北角外侧、学校正门东侧、教学1号楼后、体育馆北侧

金鱼草 龙头花、狮子花、龙口花

Antirrhinum majus L. —— 车前科 / 金鱼草属

多年生直立草本，茎基部有时木质化。茎基部无毛，中上部被腺毛，基部有时分枝。叶下部的对生，上部的常互生，具短柄；总状花序顶生，密被腺毛；花冠颜色多种，从红色、紫色至白色，基部在前面下延成兜状，上唇直立，宽大，2半裂，下唇3浅裂，在中部向上唇隆起，封闭喉部，使花冠呈假面状。蒴果卵形。

※花期5—7月，果期7—9月。 ◎桃李园

平车前 车前草、车茶草

Plantago depressa Willd. —— 车前科 / 车前属

一年生或二年生草本，直根长，具多数侧根，多少肉质，根茎短，叶基生呈莲座状，纸质，椭圆形、椭圆状披针形或卵状披针形，穗状花序3～10枚，上部密集，基部常间断；花冠白色。蒴果卵状椭圆形或圆锥状卵形；种子4～5粒，椭圆形。

※花期5—7月，果期7—9月。 ◎网球场北侧、教学7号楼东侧

长叶车前 窄叶车前、欧车前、披针叶车前

Plantago lanceolata L. —— 车前科 / 车前属

多年生草本；直根粗长。根茎粗短，不分枝或分枝。叶基生呈莲座状，无毛或散生柔毛；叶片纸质，线状披针形、披针形或椭圆状披针形；花序3～15枚；穗状花序幼时通常呈圆锥状卵形，成长后变短圆柱状或头状；花冠白色，无毛，花后反折。蒴果狭卵球形。

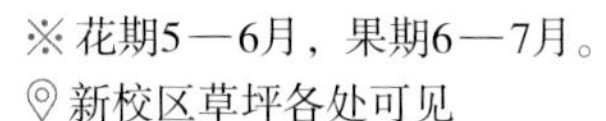

※ 花期5—6月，果期6—7月。

◎ 新校区草坪各处可见

大车前

Plantago major L. —— 车前科 / 车前属

二年生或多年生草本；根状茎短粗，具须根。基生叶直立，叶片草质、薄纸质或纸质，宽卵形至宽椭圆形，花序一至多数；穗状花序细圆柱状，基部常间断；花冠白色，无毛，冠筒等长或略长于萼片，裂片披针形至狭卵形。蒴果近球形、卵球形或宽椭圆球形；种子（8）12～24（34）粒，卵形、椭圆形或菱形。

※ 花期6—8月，果期7—9月。

◎ 逸夫图书馆前草坪

小车前

Plantago minuta Pall. —— 车前科 / 车前属

一年生或多年生小草本，叶、花序梗及花序轴密被灰白色或灰黄色长柔毛。直根细长，无侧根或有少数侧根；根茎短。叶基生呈莲座状，平卧或斜展；叶片硬纸质，线形、狭披针形或狭匙状线形。花序2至多数；穗状花序短圆柱状至头状；花冠白色。蒴果卵球形或宽卵球形，于基部上方周裂；种子2粒，椭圆状卵形或椭圆形。

※ 花期6—8月，果期7—9月。

◎ 逸夫图书馆前草坪

阿拉伯婆婆纳 波斯婆婆纳、肾子草

Veronica persica Poir. —— 车前科 / 婆婆纳属

铺散多分枝草本，高可达50 cm；茎密生两列多细胞柔毛。叶2～4对，卵形，基部浅心形；总状花序很长；花冠蓝色、紫色或蓝紫色，裂片卵形或圆形，喉部疏被毛。蒴果肾形，被腺毛；种子背面具深横纹。

※ 花期3—5月。

◎ 新校区研究生公寓南侧和西侧草坪

柳叶马鞭草

Verbena bonariensis L. 马鞭草科 / 马鞭草属

株高60～150 cm，多分枝。茎四方形，叶对生，卵圆形至矩圆形或长圆状披针形；基生叶边缘常有粗锯齿及缺刻，通常3深裂，裂片边缘有不整齐的锯齿，两面有粗毛。穗状花序顶生或腋生，细长如马鞭，花小，花冠淡紫色或蓝色。果为蒴果状，成熟时开裂，内含4枚小坚果。

※花期7—8月，果期8—10月。

◎专家楼东侧草坪

通泉草 脓泡药、汤湿草、猪胡椒

Mazus pumilus (N. L. Burman) Steenis —— 通泉草科 / 通泉草属

一年生草本，高3 ~ 30 cm。主根伸长，垂直向下或短缩；茎直立，着地部分节上常能长出不定根；基生叶少数至多数，膜质至薄纸质；茎生叶对生或互生；总状花序生于茎、枝顶端，常在近基部即生花，伸长或上部成束状，通常3 ~ 20朵；花冠白色、紫色或蓝色。蒴果球形；种子黄色。

※花果期4—10月。

◎北山生态实训基地

毛泡桐 紫花桐

Paulownia tomentosa (Thunb.) Steud. —— 泡桐科 / 泡桐属

乔木，高达20 m。树冠宽大伞形，树皮褐灰色；小枝有皮孔，幼时常具黏质短腺毛。叶片心形，全缘或波状浅裂；花序为金字塔形或狭圆锥形；小聚伞花序具3 ~ 5花；花冠紫色，漏斗状钟形；萼浅钟形，长约1.5 cm，外面绒毛不脱落，分裂至中部或裂过中部。蒴果卵圆形，幼时密生黏质腺毛，宿萼不反卷；种子连翅长2.5 ~ 4 mm。

※花期4—5月，果期8—9月。

◎学校南门两侧、知行学院正门两侧、学校东门两侧

夏至草 白花益母、白花夏杜、夏枯草

Lagopsis supina (Steph. ex Willd.) lk.-Gal. ex Knorr. —— 唇形科 / 夏至草属

多年生草本，高达35 cm。茎带淡紫色，密被微柔毛；叶轮廓为圆形；轮伞花序疏花，径约1 cm，在枝条上部者较密集，在枝条下部者较疏松；花冠白色，稀粉红色。小坚果长卵形，长约1.5 mm，褐色，有鳞秕。

※ 花期3—4月，果期5—6月。

◎ 新校区化工楼西侧草坪、校医院北侧、桃李园

宝盖草 莲台夏枯草、接骨草、珍珠莲

Lamium amplexicaule L. —— 唇形科 / 野芝麻属

一年生或二年生植物。茎高10 ~ 30 cm，基部多分枝，上升，四棱形，具浅槽，常为深蓝色。叶片均圆形或肾形，先端圆，基部截形或截状阔楔形，半抱茎，边缘具极深的圆齿。轮伞花序6 ~ 10朵花，其中常有闭花受精的花；花冠紫红色或粉红色，外面除上唇被有较密带紫红色的短柔毛外，余部均被微柔毛，内面无毛环，冠筒细长；花盘杯状，具圆齿。小坚果倒卵圆形，具三棱。

※ 花期3—5月，果期7—8月。

◎ 新校区毅然报告厅前草坪

一串红 爆仗红、炮仔花、象牙海棠

Salvia splendens Ker-Gawler —— 唇形科 / 鼠尾草属

亚灌木状草本，高可达90 cm。茎钝四棱形，具浅槽；叶卵圆形或三角状卵圆形，基部截形或圆形，边缘具锯齿，两面无毛，下面具腺点；轮伞花序2～6朵花，组成顶生总状花序，花序长达20 cm或以上；花冠红色，冠筒筒状，直伸，在喉部略增大，冠檐二唇形。小坚果椭圆形。

※花期3—10月。

教学7号楼前花坛

蒙古芯芭

Cymbaria mongolica Maxim. —— 列当科 / 大黄花属

多年生草本，高达2 m。根茎常为不规则之字形弯曲，节间很短，节上对生膜质鳞片，有片状剥落，顶端常多头。茎数条，大都自根茎顶部发出。基部为鳞片所覆盖，常弯曲而后上升。花少数，腋生于叶腋中，每茎1～4枚，具长3～10 mm的弯曲或伸直的短梗；花冠黄色，二唇形。蒴果革质，长卵圆形。

※花期6—8月，果期9—10月。

北山生态实训基地

灌木亚菊

Ajania fruticulosa (Ledeb.) Poljak. —— 菊科 / 亚菊属

小半灌木，高8～40 cm。花枝灰白色或灰绿色，被稠密或稀疏的短柔毛，上部及花序和花梗上的毛较多或更密。中部茎叶全圆形、扁圆形、三角状卵形、肾形或宽卵形，规则或不规则二回掌状或掌式羽状3～5分裂。一二回全部全裂。叶耳无柄。头状花序小，少数或多数在枝端排成伞房花序或复伞房花序。瘦果长约1 mm。

※花果期6—10月。

◎新校区化工楼后草坪

黄花蒿 香蒿

Artemisia annua L. —— 菊科 / 蒿属

一年生草本；植株有浓烈的挥发性香气。根单生，垂直，狭纺锤形；茎单生，有纵棱，幼时绿色，后变褐色或红褐色；叶纸质，绿色，茎下部叶宽卵形或三角状卵形，3～4回栉齿状羽状深裂；头状花序球形，多数；两性花10～30朵，结实或中央少数花不结实。瘦果小，椭圆状卵形，略扁。

※花果期8—11月。

◎新校区生科楼东侧草坪、新校区图书馆东侧草坪、新校区研究生5号公寓南侧

牛蒡 大力子、恶实

Arctium lappa L. —— 菊科 / 牛蒡属

二年生草本，高达2 m。具粗大的肉质直根，有分枝根。茎直立，通常带紫红色或淡紫红色；基生叶宽卵形，边缘稀疏的浅波状凹齿或齿尖，茎生叶与基生叶同形或近同形。头状花序多数或少数在茎枝顶端排成疏松的伞房花序或圆锥状伞房花序，花序梗粗壮。瘦果倒长卵形或偏斜倒长卵形，浅褐色，冠毛多层，浅褐色。

※花果期6—9月。

◎北山生态实训基地

阿尔泰狗娃花 阿尔泰紫菀

Aster altaicus Willd. —— 菊科 / 紫菀属

多年生草本，有横走或垂直的根。茎直立，基部叶在花期枯萎，下部叶条形或矩圆状披针形，倒披针形；头状花序直径2～3.5 cm；舌状花约20枚，有微毛，舌片浅蓝紫色；管状花长5～6 mm。瘦果扁，倒卵状矩圆形，冠毛污白色或红褐色。

※花果期5—9月。

◎新校区研究生5号公寓南侧草坪

婆婆针 刺针草、鬼针草

Bidens bipinnata L. —— 菊科 / 鬼针草属

一年生草本。茎直立，高30 ~ 120 cm，下部略具四棱，无毛或上部被稀疏柔毛。叶对生，背面微凸或扁平，腹面沟槽，二回羽状分裂。头状花序直径6 ~ 10 mm；舌状花通常1 ~ 3朵，不育，舌片黄色，椭圆形或倒卵状披针形，先端全缘或具2 ~ 3齿，盘花筒状，黄色，冠檐5齿裂。瘦果条形，略扁，具3 ~ 4棱，具瘤状突起及小刚毛，顶端芒刺3 ~ 4枚，具倒刺毛。

※花期8—9月，果期9—10月。

◎北山生态实训基地

金盏花 金盏菊、盏盏菊

Calendula officinalis L. —— 菊科 / 金盏花属

一年生草本。基生叶长圆状倒卵形或匙形，全缘或具疏细齿，具柄，茎生叶长圆状披针形或长圆状倒卵形。头状花序单生茎枝端，小花黄色或橙黄色，长于总苞的两倍，舌片宽达4 ~ 5 mm；管状花檐部具三角状披针形裂片。瘦果全部弯曲，淡黄色或淡褐色。

※花期4—9月，果期6—10月。

◎新校区研究生公寓前

秋英 波斯菊、大波斯菊

Cosmos bipinnatus Cavanilles —— 菊科 / 秋英属

一年生或多年生草本，高达2 m。根纺锤状，多须根，茎无毛或稍被柔毛；叶二回羽状深裂；头状花序单生，径3 ~ 6 cm；舌状花紫红色、粉红色或白色；花柱具短突尖的附器。瘦果黑紫色，上端具长喙，有2 ~ 3尖刺。

※花期6—8月，果期9—10月。

◎北山生态实训基地

蓝花矢车菊 蓝芙蓉、矢车菊

Cyanus segetum Hill —— 菊科 / 矢车菊属

一年生或二年生草本；全部茎枝灰白色，被卷毛。基生叶及下部茎叶长椭圆状倒披针形或披针形，全部茎叶上面绿色或灰绿色，下面灰白色；头状花序多数或少数在茎枝顶端排成伞房花序或圆锥花序；边花蓝色、白色、红色或紫色，盘花浅蓝色或红色。瘦果椭圆形，有细条纹，被稀疏的白色柔毛。

※花果期2—8月。 文科实验实训中心前草坪

刺儿菜 小蓟、蓟蓟草、刺狗牙

Cirsium arvense var. *integrifolium* C. Wimm. et Grabowski —— 菊科 / 蓟属

多年生草本。茎上部花序分枝无毛或有薄绒毛；基生叶和中部茎生叶椭圆形、长椭圆形或椭圆状倒披针形；头状花序单生，或植株含少数或多数头状花序在茎枝顶端排成伞房花序；小花紫红或白色。瘦果淡黄色，椭圆形或偏斜椭圆形；冠毛污白色，多层，整体脱落。

※花果期5—9月。 新校区图书馆东侧草坪、新校区生科楼下草坪

两色金鸡菊 蛇目菊、雪菊、天山雪菊

Coreopsis tinctoria Nutt. —— 菊科 / 金鸡菊属

一年生草本。茎直立，叶对生，二回羽状全裂，裂片线形或线状披针形，全缘，头状花序多数，舌状花黄色，舌片倒卵形，管状花红褐色，狭钟形。瘦果长圆形或纺锤形。

※花期5—9月，果期8—10月。

◎新校区图书馆西南侧花园

一年蓬 治疟草、千层塔

Erigeron annuus (L.) Pers. —— 菊科 / 飞蓬属

一年生或二年生草本。茎下部被长硬毛，上部被上弯短硬毛；基部叶长圆形或宽卵形，下部茎生叶与基部叶同形；头状花序多数，排成疏圆锥花序，外围雌花舌状，2层，白色或淡天蓝色，中央两性花管状，黄色，檐部近倒锥形。瘦果披针形。

※花期6—9月，果期8—10月。

◎北山生态实训基地

小蓬草 加拿大蓬、飞蓬、小飞蓬

Erigeron canadensis L. —— 菊科 / 飞蓬属

一年生草本。根纺锤状，具纤维状根；茎直立，圆柱状，具棱，有条纹，被毛；基部叶花期常枯萎，下部叶倒披针形；头状花序多数排列成顶生多分枝的大圆锥花序；雌花多数，舌状，白色，两性花淡黄色，花冠管状。瘦果线状披针形。

※花期5—9月。

◎教学7号楼东侧、新校区生科楼下草坪、新校区图书馆东侧草坪

牛膝菊 辣子草、向阳花、珍珠草

Galinsoga parviflora Cav. —— 菊科 / 牛膝菊属

一年生草本，高10～80 cm。茎纤细，分枝斜升，茎枝被疏散或上部稠密的贴伏短柔毛和少量腺毛；叶对生，卵形或长椭圆状卵形；头状花序半球形，舌状花4～5枚，舌片白色，管状花花冠黄色，下部被稠密的白色短柔毛。瘦果黑色或黑褐色。

※花果期7—10月。

◎新校区生科楼下草坪

天人菊 老虎皮菊、虎皮菊

Gaillardia pulchella Foug. —— 菊科 / 天人菊属

一年生草本，高20 ~ 60 cm。茎中部以上多分枝，分枝斜升，被短柔毛或锈色毛。下部叶匙形或倒披针形，边缘波状钝齿、浅裂至琴状分裂，上部叶长椭圆形，倒披针形或匙形，全缘或上部有疏锯齿或中部以上3浅裂，基部无柄或心形半抱茎，叶两面被伏毛；头状花序径5 cm；舌状花黄色；管状花裂片三角形。瘦果长2 mm，基部被长柔毛。

※ 花果期6—8月。

◎ 新校区生科楼下草坪

菊芋 菊诸、五星草、洋羌

Helianthus tuberosus L. —— 菊科 / 向日葵属

多年生草本，高1 ~ 3 m；有块状的地下茎及纤维状根。茎直立，有分枝，茎、叶及叶脉均被毛；叶常对生，但上部叶互生，长椭圆形至阔披针形，下部叶卵圆形或卵状椭圆形；头状花序较大，少数或多数，单生于枝端；舌状花通常12 ~ 20枚，舌片黄色，开展，长椭圆形；舌状花花冠黄色。瘦果小，楔形。

※ 花期8—9月。

◎ 文科实验实训中心前草坪

中华苦荬菜 小苦苣、黄鼠草、山苦荬

Ixeris chinensis (Thunb.) Nakai —— 菊科 / 苦荬菜属

多年生草本，高5 ~ 47 cm。根垂直直伸，茎直立单生或少数茎成簇生；基生叶长椭圆形、倒披针形、线形或舌形；茎生叶2 ~ 4枚，长披针形或长椭圆状披针形；头状花序通常在茎枝顶端排成伞房花序，含舌状小花21 ~ 25枚。瘦果褐色，长椭圆形。

※ 花果期1—10月。

◎ 新校区研究生2号公寓东侧草坪

乳苣 蒙山莴苣、紫花山莴苣、苦菜

Lactuca tatarica (L.) C. A. Mey. —— 菊科 / 莴苣属

多年生草本，高15 ~ 60 cm。根垂直直伸；茎直立，有细条棱或条纹，上部有圆锥状花序分枝，光滑无毛。中下部茎叶长椭圆形或线状长椭圆形或线形；头状花序，舌状小花紫色或紫蓝色。瘦果长圆状披针形，稍压扁，灰黑色。

※ 花果期6—9月。

◎ 新校区图书馆西侧草坪、新校区化工楼北侧草坪

毛裂蜂斗菜 蜂斗菜、冬花

Petasites tricholobus Franch. —— 菊科 / 蜂斗菜属

多年生草本。根状茎短，有多数纤维状根，全株被薄蛛丝状白色棉毛。早春从根状茎长出花茎，近雌雄异株；雌株花茎高27～60 cm，具鳞片状叶；雌头状花序在花茎顶端排成密集的聚伞状圆锥花序，雄头状花序在花茎端排成伞房状或圆锥状。瘦果圆柱形。

※花果期6—9月。

北山生态实训基地

拟鼠麴草 田艾、清明菜、鼠曲草

Pseudognaphalium affine (D. Don) Anderberg —— 菊科 / 拟鼠麴草属

一年生草本。茎直立或基部发出的枝下部斜升，具刺尖头，两面被白色棉毛；头状花序多数或较少数，在枝顶密集成伞房花序；花黄色至淡黄色，花冠细管状，花冠顶端扩大，3齿裂；两性花较少，管状。瘦果倒卵形或倒卵状圆柱形，有乳头状突起；冠毛粗糙，污白色，易脱落。

※花期1—4月，果期8—11月。

北山生态实训基地

黑心金光菊 黑心菊、黑眼菊

Rudbeckia hirta L. 菊科 / 金光菊属

一年生或二年生草本，高30～100 cm。茎不分枝或上部分枝，全株被粗刺毛。茎下部叶长卵圆形、长圆形或匙形，上部叶长圆披针形。头状花序径5～7 cm，有长花序梗。舌状花鲜黄色；管状花暗褐色或暗紫色。瘦果四棱形，黑褐色。

※ 花果期5—9月。

◎ 北山生态实训基地

欧洲千里光

Senecio vulgaris L. 菊科 / 千里光属

一年生草本。茎疏被蛛丝状毛至无毛；叶倒披针状匙形或长圆形，羽状浅裂至深裂；中部叶基部半抱茎；上部叶线形；头状花序无舌状花，排成密集伞房花序；无舌状花，管状花多数；冠黄色。瘦果圆柱形，沿肋有柔毛；冠毛白色。

※ 花果期4—10月。

◎ 新校区毅然报告厅周围草坪

帚状鸦葱 假叉枝鸦葱

Scorzonera pseudodivaricata Lipschitz —— 菊科 / 鸦葱属

多年生草本，高7～50 cm。根垂直直伸。茎自中部以上分枝，分枝纤细或较粗；叶互生或植株含有对生的叶序，线形；头状花序多数，单生茎枝顶端，形成疏松的聚伞圆锥状花序，含多数（7～12）舌状小花，舌状小花黄色。瘦果圆柱状，初时淡黄色，成熟后黑绿色；冠毛污白色，大部为羽毛状。

※花果期5—8（10）月。

◎北山生态实训基地

花叶滇苦菜 断续菊、续断菊

Sonchus asper (L.) Hill. —— 菊科 / 苦苣菜属

一年生草本。根倒圆锥状，褐色，垂直直伸。茎直立纵纹或纵棱，上部长或短总状或伞房状花序分枝，或花序分枝极短缩，全部茎枝光滑无毛或上部及花梗被头状具柄的腺毛。头状花序少数（5）或多数（10），在茎枝顶端排列成稠密的伞房花序；舌状小花黄色。瘦果倒披针状，褐色。

※花果期5—10月。

◎新校区地环楼东侧草坪、新校区生科楼下草坪

万寿菊 孔雀菊、缎子花、臭菊花

Tagetes erecta L. —— 菊科 / 万寿菊属

一年生草本，高50～150 cm。茎直立，粗壮，具纵细条棱，分枝向上平展。叶羽状分裂，裂片长椭圆形或披针形；沿叶缘有少数腺体。头状花序单生，花序梗顶端棍棒状膨大；管状花花冠黄色，顶端具5齿裂。瘦果线形，黑色或褐色；冠毛有1～2个长芒和2～3个短而钝的鳞片。

※花期7—9月。

◎逸夫图书馆前花坛

蒲公英 华花郎、蒲公草、婆婆丁

Taraxacum mongolicum Hand.-Mazz. —— 菊科 / 蒲公英属

多年生草本。根圆柱状，黑褐色，粗壮；叶倒卵状披针形、倒披针形或长圆状披针形，边缘有时具波状齿或羽状深裂，花葶一至多数，上部紫红色，密被总苞钟状，淡绿色；舌状花黄色，边缘花舌片背面具紫红色条纹。瘦果倒卵状披针形，暗褐色；冠毛白色。

※花期4—9月，果期5—10月。

◎学校各处草坪均可见、知行学院正门前

婆罗门参 草地婆罗门参

Tragopogon pratensis L. —— 菊科 / 婆罗门参属

二年生草本，高25 ~ 100 cm。根垂直直伸，圆柱状；茎直立，不分枝或分枝，有纵沟纹，无毛；头状花序单生茎顶或植株含少数头状花序，但头状花序生枝端，花序梗在果期不扩大；舌状小花黄色，干时蓝紫色。瘦果长灰黑色或灰褐色，有纵肋，沿肋有小而钝的疣状突起，向上急狭成细喙，喙长0.8 ~ 1.1 cm，喙顶不增粗，与冠毛联结处有蛛丝状毛环；冠毛灰白色，长1 ~ 1.5 cm。

※花果期5—9月。

◎新校区生科楼下草坪

苦苣菜 滇苦荬菜

Sonchus oleraceus L. —— 菊科 / 苦苣菜属

一年生或二年生草本。茎直立，单生，有纵条棱或条纹，全部茎枝光滑无毛，基生叶羽状深裂，长椭圆形或倒披针形；中下部茎叶羽状深裂或大头状羽状深裂；头状花序少数在茎枝顶端排成紧密的伞房花序或总状花序或单生茎枝顶端；舌状小花多数，黄色。瘦果褐色，长椭圆形或长椭圆状倒披针形。

※花果期5—12月。

◎ 新校区生科楼下草坪、新校区地环楼东侧草坪

苍耳 卷耳、葹、苓耳

Xanthium strumarium L. —— 菊科 / 苍耳属

一年生草本植物，高可达90 cm。根纺锤状，茎下部圆柱形；叶片三角状卵形或心形；雄性的头状花序球形，雌性的头状花序椭圆形。瘦果成熟时外面有疏生的具钩状的刺。

※花期7—8月，果期9—10月。

◎ 新校区生科楼下草坪

百日菊 步步登高、节节高、鱼尾菊

Zinnia elegans Jacq. —— 菊科 / 百日菊属

一年生草本。茎直立，被糙毛或长硬毛。叶宽卵圆形或长圆状椭圆形，基部稍心形抱茎，两面粗糙，基出三脉。头状花序，单生枝端，无中空肥厚的花序梗。舌状花深红色、玫瑰色、紫堇色或白色，舌片倒卵圆形，先端2～3齿裂或全缘。管状花黄色或橙色，先端裂片卵状披针形，上面被黄褐色密茸毛。雌花瘦果倒卵圆形，腹面正中和两侧边缘各具一棱，顶端截形，基部狭窄，被密毛；管状花瘦果倒卵状楔形，被疏毛，顶端有短齿。

※花期6—9月，果期7—10月。

◎教学10号楼A区后

香荚蒾 香探春、野绣球

Viburnum farreri W. T. Stearn —— 五福花科 / 荚蒾属

落叶灌木，高达5 m。当年小枝绿色，近无毛，二年生小枝红褐色，后变灰褐色或灰白色；冬芽椭圆形；叶纸质，椭圆形或菱状倒卵形，圆锥花序生于能生幼叶的短枝之顶，有多数花；花先叶开放，芳香，花冠蕾时粉红色，开后变白色，高脚碟状。果实紫红色，矩圆形。

※花期4—5月。

◎行政1号楼前、博物馆南侧、蓝天公寓4号楼南侧

忍冬 金银花、金银藤、银藤

Lonicera japonica Thunb. —— 忍冬科 / 忍冬属

多年生半常绿藤本。幼枝暗红褐色，叶纸质，卵形至矩圆状卵形，有时卵状披针形，稀圆卵形或倒卵形；花冠白色，有时基部向阳面呈微红，后变黄色，唇形。果实圆形，熟时蓝黑色，有光泽；种子卵圆形或椭圆形，褐色，两侧有浅的横沟纹。

※ 花期4—6月（秋季亦常开花），果熟期10—11月。

家属29号楼南侧草坪

金银忍冬 金银木、王八骨头

Lonicera maackii (Rupr.) Maxim. —— 忍冬科 / 忍冬属

落叶灌木，高达6 m；茎干直径达10 cm；凡幼枝叶两面脉上、叶柄、苞片、小苞片及萼檐外面都被短柔毛和微腺毛。冬芽小，卵圆形，叶纸质，通常卵状椭圆形至卵状披针形；花芳香，生于幼枝叶腋，花冠先白色后变黄色，外被短伏毛或无毛，唇形。果实暗红色，圆形。

※ 花期4—6月，果期10—11月。

新校区生科楼南侧草坪

锦带花 旱锦带花、海仙、锦带

Weigela florida (Bunge) A. DC. —— 忍冬科 / 锦带花属

落叶灌木，高达1～3 m；幼枝稍四方形，树皮灰色；芽顶端尖，具3～4对鳞片；叶矩圆形；花单生或成聚伞花序生于侧生短枝的叶腋或枝顶，花冠漏斗状钟形，紫红色。蒴果柱形，种子无翅。

※ 花期4—6月，果期10月。

◎ 新校区西侧草坪、新校区图书馆前草坪、新校区化工楼东侧草坪

中文名称索引

F

G

H

J

K

L

M

N

O

P

Q

R

Z

学名索引

郑重声明